BEI GRIN MACHT SICH IHR WISSEN BEZAHLT

- Wir veröffentlichen Ihre Hausarbeit,
  Bachelor- und Masterarbeit

- Ihr eigenes eBook und Buch -
  weltweit in allen wichtigen Shops

- Verdienen Sie an jedem Verkauf

Jetzt bei www.GRIN.com hochladen
und kostenlos publizieren

Tuan Trieu Ha

Aus der Reihe: e-fellows.net stipendiaten-wissen

e-fellows.net (Hrsg.)

Band 98

Taiwan. Ein Staat ringt um seine Unabhängigkeit

GRIN Verlag

(Quelle: http://www.unitedflags.com)

„ ,*Wo* arbeitest Du?' fragten mich Bekannte in den USA, wenn sie mich zu Hause auf Urlaub aus Taiwan trafen, wo ich unterrichtete. ,Thailand?' Oder sie rätselten, ,Taiwan ... ist das nicht China?'"[1]

---

[1] Fitzpatrick, Kristin: Wessen Insel?: In: http://parapluie.de/archiv/china/taiwan/

Vorwort:

Nach einem Gespräch mit meiner Professorin, Frau Mag. E. Lengauer, entschied ich mich für eine Fachbereichsarbeit in Geographie. Ein Grund für diese Arbeit war neben meinem persönlichen Interesse für Politik und Wirtschaft auch meine persönliche Beziehung zum Fernen Osten. Denn noch heute habe ich sehr viele Verwandte in China und Taiwan.

Besonders das Thema der Beziehung zwischen Taiwan und China interessiert mich sehr, nicht nur, weil es ein aktuelles Problem darstellt, sondern weil es auch ein politisches Dilemma behandelt, das anscheinend nicht durch Verhandlungen zu lösen ist. Daher entschloss ich mich dazu, mich in die Problematik des Themas zu vertiefen.

Nach intensiven Auseinandersetzungen mit diesem Thema stieß ich auf sehr aufregende Erkenntnisse. Ich habe es eigentlich durchwegs genossen, daran zu arbeiten, und habe nie an der Entscheidung gezweifelt, obwohl ich die Arbeit mehrmals überarbeiten musste. Außerdem tat es mir Leid, weitere detaillierte Aspekte außer Acht lassen zu müssen. Jedoch hoffe ich die entscheidendsten Aspekte erläutert zu haben.

Desgleichen habe ich sehr viel im Bereich „selbständiges Erarbeiten" gelernt, was mir sicherlich für meine zukünftige Ausbildung nach der Matura von großem Nutzen sein wird.

Für meine Arbeit möchte ich mich bei allen herzlich bedanken, dich mich unterstützt haben. Der Dank gilt allen voran natürlich Frau Professor. Mag. Edith Lengauer, Frau Professor Dr. Heide Haussner, die mich das Zitieren lehrte und meiner Deutsch-professorin, Frau Professor Mag. Reinhilde Rießner.

Inhaltsverzeichnis:

Einleitung:

Die Republik China ist ein selbst ernannter Staat in Ostasien, der zurzeit international fast isoliert ist und kaum anerkannt wird. Die Volksrepublik China betrachtet Taiwan nur als eine kleine chinesische Provinz.

Abbildung 1: Taiwans Karte
(Quelle: Taiwan (Formosa). Microsoft Encarta 2005. Enzyklopädie Professional. Computer Software Microsoft Corporation 1993-2004.)

Taiwan erstreckt sich zwischen dem 21. und 26. Grad nördlicher Breite und dem 120. und 124. Grad östlicher Länge. Die Insel ist im Westen durch die Formosastraße vom chinesischen Festland abgetrennt. Im Norden wird sie vom Ostchinesischen Meer, im Osten vom Pazifischen Ozean und im Süden vom Südchinesischen Meer begrenzt.

Zum Staatsgebiet gehören die Insel Taiwan, die vulkanischen Pescadores - Inseln, die Quemoy Inseln und die Matsu – Inselgruppe. Taiwan hat 22,75 Millionen Einwohner und seine Hauptstadt, Taipeh, 2,65 Millionen. Die Gesamtfläche beträgt 36000 Quadratkilometer.

China und Taiwan haben in manchen Punkten Gemeinsamkeiten. Ihre Bewohner sprechen die gleiche Sprache und haben eine ähnliche Kultur und Geschichte, denn 98 % der heutigen Taiwanesen sind Chinesen. Die VR China ist ein riesiger Staat mit etwa 1,2 Milliarden Einwohnern. Mittlerweile ist sie zu einer Weltmacht herangewachsen und viele Länder bangen um eine ökonomische Zusammenarbeit mit ihr. Die Abhängigkeit vom chinesischen Markt wird immer deutlicher. Nicht zu unterschätzen sind auch ihre Streitkräfte, die zurzeit aufgrund der Taiwanfrage weiter aufgerüstet werden. In China herrscht noch eine kommunistische Diktatur, die zwar schrittweise zu Gunsten der Demokratie reformiert wird, doch was die Humanitätsfrage betrifft noch ein wenig rückständig wirkt.

Nicht zu unterschätzen ist auch die „Wirtschaftsbombe" Taiwan. Hinter dem „kleinen Tiger" verbirgt sich seine Schutzmacht, die USA. Mit ökonomischen und militärischen Unterstützungen verhalfen sie Taiwan in der Vergangenheit zu seiner Position als Wirtschaftsmacht. Auch heute dulden die Vereinigten Staaten von Amerika keinen kommunistischen Eindringling in Taiwan und werden somit auch nicht zögern, ihrem Schützling im Ernstfall militärischen Beistand zu leisten.

Die Entstehung des Taiwan-Dilemmas und die zukünftige Entwicklung dieser Streitfrage lassen sich durch folgende Aspekte erklären:

- Die historische Entwicklung dient zum Verständnis des Problems.
- Politische Ansichten müssen betrachtet werden. Welchen Einfluss hat China auf Taiwans Politik?
- Wirtschaftliche Abhängigkeit Taiwans und seine Bedeutung für China.
- Eine einflussreiche Veränderung für die zukünftige Entwicklung ist die militärpolitische Einstellung beider Länder.

Genaue Hintergründe werde ich im Laufe meiner Arbeit verdeutlichen. Ebenso werde ich aufzeigen, wie Taiwan sich aus seiner Isolation zu befreien versucht und die chinesischen Annäherungsversuche abweist. Den Schwerpunkt meiner Arbeit aber setze ich auf die taiwanesische Wirtschaft. Denn eine selbständige stabile Wirtschaft ist eine grundlegende Vorraussetzung für einen autonomen Staat. Weiters habe ich einige Meinungen von Betroffenen eingeholt.

1. Historische Entwicklung bis heute

## 1.1.	Taiwan - eine Insel unter ausländischer Herrschaft

Schon im Jahre 603 v. Christus wurde ein Feldzug der Chinesen gegen die Insel Taiwan protokolliert. Erst ab dem 7. Jahrhundert n. Chr. wanderten die Fest- landchinesen auf die Insel ein und verdrängten die ursprüngliche Bevölkerung. Im 12. Jahrhundert eroberten japanische Truppen Teile Taiwans. 1590 entdeckten die ersten Europäer die Insel. Die Portugiesen gaben Taiwan den Namen „Formosa", was „schöne Insel" bedeutet.

Von der „schönen Insel" angelockt, trafen später auch Spanier und Holländer ein. In der Mitte des 17. Jahrhunderts gelang es den holländischen Truppen, die Portugiesen, Spanier und Japaner aus Taiwan zu vertreiben.

1644 flüchteten die Anhänger der Ming-Dynastie, da sie den Mandschu (Qing-Dynastie) unterlegen waren, aus China nach Taiwan. Angeführt von General Zhen Chenggong, auch bekannt als Koxinga, gelang es den Ming, die Niederländer von Formosa zu vertreiben und die Herrschaft über die Insel zu übernehmen. Doch Ende des 17. Jahrhunderts mussten die Ming auf Formosa vor den Mandschu kapitulieren und die Insel wurde ein Teil des chinesischen Reiches. Dies war der Beginn der chinesischen Herrschaft über Taiwan.

Als Folge der Niederlage Chinas im Chinesisch-Japanischen. Krieg (1894/95) wurden Taiwan und die Pescadoren durch den Vertrag von Shimonoseki 1895 japanische Kolonien. Nach der Niederlage der Japaner im Zweiten Weltkrieg wurden Taiwan und die Pescadores Inseln wieder an China zurückgegeben. 1947 wurde Taiwan trotz des Protests der Inselbewohner zur chinesischen Provinz erklärt.

1.2. Neue Entwicklung nach dem Zweiten Weltkrieg

1949 zogen sich die Kuomintangs (Nationalchinesen) unter General Chiang Kai-shek, nach der Niederlage gegen die Kommunisten im chinesischen Bürgerkrieg, mit etwa zweieinhalb Millionen Anhängern nach Formosa zurück. Sie gründeten ihr Hauptquartier in Taipeh und 1950 rief Chiang Kai-shek die „Republik China auf Taiwan" aus. Somit wurde Chiang Kai-shek der 1. Präsident der Republik China.

Zu dieser Zeit wurde die Republik China von den meisten Staaten anerkannt und die Vereinten Nationen nahmen Taiwan sogar als Vertreter Chinas in den Sicherheitsrat auf. Sowohl die Kommunisten in China als auch die Nationalchinesen auf Taiwan verfolgten die Politik der Rückeroberung des vom Gegner besetzten Territoriums. 1954 wurde Chiang Kai-shek erneut zum Präsidenten der Republik China gewählt. Noch im selben Jahr unterzeichnete er einen gegenseitigen Verteidigungsvertrag mit den Vereinigten Staaten. Taiwan wurde durch ökonomische und militärische Hilfe aus den USA zu einem Vorbild moderner und wirtschaftlicher Kraft.

1960 und 1966 wurde Chiang Kai-shek zum dritten und vierten Mal von der Nationalversammlung zum Präsidenten bestätigt.

1.3. Der Beginn der Isolation

1971 verlor die Republik China ihren Sitz in der Generalversammlung und im Sicherheitsrat der Vereinten Nationen zu Gunsten der Volksrepublik China. Ebenso zogen viele Nationen ihre diplomatische Anerkennung von Taiwan zurück. 1972 wurde Chiang Kai-shek zum fünften Mal Staatsoberhaupt und nach seinem Tod 1975 führte sein Sohn Chiang Ching-kuo sein Amt fort. 1978 brachen selbst die USA ihre diplomatischen Beziehungen zu Taiwan ab, da sie eine Annäherung an die Volksrepublik China beabsichtigten.

1.4.   Taiwan auf dem Wege zur Demokratie

Nach Chiang Ching-kuos Tod 1988 kam Lee Teng-hui, der erste gebürtige Taiwanese, an die Macht. Da die alten Kuomintangs allmählich ihre Führungsbasis an die gebürtigen Taiwanesen verloren, gelang es Lee, viele politische Reformen durchzuführen. Sein Ziel war es, die Unabhängigkeit der Insel zu festigen, obwohl Taiwan seit 1949 nur wenig vom Festland beeinflusst wurde.

1996 hat Lee Teng-hui die ersten freien Wahlen in der Republik China angeordnet.

Trotz vieler Raketentests und Militärmanöver der Festland-Chinesen vor der taiwanesischen Küste, bestätigten die Inselbewohner Lee erstmals demokratisch in seinem Amt.

Chen Shui-bian, der Vorsitzende der Demokratischen Progressiven Partei (DPP), setzte sich gegen den Kuomintang - Kandidaten bei den Präsidentschaftswahlen 2000 durch. Ebenso erlitt die Partei Kuomintang große Verluste bei der Parlamentswahl 2001. Somit endete die Herrschaft der Kuomintang endgültig. Im März 2004 gewann Chen Shui-bian erneut mit knappem Vorsprung die Wahl für das Präsidentenamt.

2. Politik

2.1.   Die beiden einflussreichsten Parteien und ihre politische Haltung zu China

Die *Demokratische Progressive Partei* (DPP*)*, welche die heutige Regierung bildet, ist die erste inoffizielle Partei Taiwans, die sich für ökologische Standpunkte und europäisches Gedankengut in der Politik einsetzt. Außerdem strebt sie nach der vollkommenen Unabhängigkeit der Insel.

Die ehemalige Regierungspartei, *Kuomintang (KMT,* 1950-2000), verfolgt allerdings eine Politik der schrittweisen Vereinigung mit dem Festland, aber nur unter der Voraussetzung, dass China demokratisch wird. Die KMT hat vor allem deswegen so viele Anhänger, da die Bevölkerung Angst vor einer chinesischen Invasion hat. [2]

---

[2] Vgl. Wang, Joseph: Taiwan - ein Land mit vielen Namen. In:
http://members.vol.at/Wang/philosophie/taiwan.htm

2.2.   Außenpolitik zu China

Das Verhältnis zu China und die Taiwanfrage sind zurzeit die wichtigsten Themen in der Außenpolitik. Die schwierige Beziehung zwischen Taiwan und China kann nur aus der historischen Perspektive verstanden werden.

„China" ist seit 1949 in die Volksrepublik China und die Republik China auf Taiwan aufgeteilt. 1971 wurde Taiwan aus der UNO ausgeschlossen und dadurch werden die Chinesen offiziell nur durch das Festland repräsentiert. Die Regierung von Chiang Kai-shek und später die von Chiang Ching-kuo vertreten die Meinung, dass nur die Republik China die einzige legitime Regierung Chinas sei. Aufgrund dieses Umstandes bauten sich erstmals Spannungen zwischen den beiden Ländern auf. Die chinesische Regierung in Peking versucht hingegen, ein Gesamtchina für sich zu beanspruchen.

Die Reaktion der Inselbewohner ist die „Drei-Nein-Politik"[3]

- Keine Kontakte

- Keine Verhandlungen

- Keine Kompromisse

mit China.

Im September 1981 kündigte der damalige chinesische Präsident Ye Jianying einen „9-Punkte-Vorschlag" für die Wiedervereinigung mit Taiwan an. Dadurch garantierte er vor allem, dass Taiwan sein eigenes Sozial- und Wirtschaftssystem bzw. individuelle Streitkräfte nach der Übernahme behalten dürfe. Doch Taiwan weigerte sich, dieses Angebot anzunehmen, und nahm Tibet als Beispiel, wie die so genannte autonome Region von China behandelt wurde. Die Regierung in Peking versuchte daraufhin, Taiwan international zu isolieren, und so gelang es ihr, Taipeh aus der Weltbank und aus anderen wichtigen Organisationen auszuschließen.

Trotzdem gab es noch eine ausgeglichene Atmosphäre bis 1987 zwischen den Ländern auf beiden Seiten der Taiwan-Straße. Doch Mitte der 90er Jahre kehrte Lee Teng-hui nach und nach dem „Ein-China"-Prinzip den Rücken und strebte eine Unabhängigkeit der Insel an. Er nützt die finanzielle Stärke und den technologischen Fortschritt Taiwans aus, um diplomatische Beziehungen zum Ausland zu knüpfen.

---

[3] Sczepanski, Erich: Länderdossier: Taiwan.
In:http://www.globaldefence.net/index.htm?http://www.globaldefence.net/deutsch/asien/taiwan/dossier.htm

Im Jänner 1995 hielt der chinesische Präsident Jiang Zemin eine Neujahrsrede, in die er ein noch großzügigeres Angebot an Taiwan offerierte. Er versprach eine hohe Autonomie der Insel, die auch judikative Gewalt besäße. Weiters werde die VR China keine Truppen in Taiwan stationieren und keine administrativen Kräfte senden. Von 1991 bis Mitte 1995 gab es politische Gespräche zwischen Taiwan und China, um die Spannungen zwischen den beiden Ländern zu beseitigen. Doch durch die Reise Lee Teng-huis in die USA wurden die Chinesen stark verärgert, sie warfen ihm vor Verbündete für Formosa zu suchen. Somit wurden alle weiteren Gespräche und Kontakte seitens der chinesischen Regierung eingestellt.

Im Dezember 1995 kündigte Li Ruihuan, Präsident der Volkskonferenz für politische Konsultation Chinas, bei einem Staatsbesuch in Kambodscha Folgendes an:

„Das chinesische Volk legt von alters her großen Wert darauf, die von Vorfahren erarbeiteten Grundvermögen zu schützen und zu verteidigen." Und weiters fügte er hinzu: „Das von unseren Vorfahren hinterlassene Territorium kann auf jeden Fall nicht in der Hand unserer Generation kleiner und weniger werden...Taiwan ist seit jeher ein Teil des Territoriums Chinas. Jeder Versuch, Taiwan von China loszureissen [loszureißen], wird auf entschlossenen Widerstand des chinesischen Volkes stossen [stoßen]."[4]

China übte weiterhin Druck auf die Verbündeten Taiwans aus (Südafrika, S-Korea, Mazedonien etc.). Ein Beispiel dafür war Chinas Veto gegen die UNO-Friedenstruppenverlängerung in Mazedonien 1999.

Im Juli 1999 verärgerte Präsident Lee Teng-hui mit seiner „2-Staaten-Theorie" China. Diese Theorie besagt, dass China aus zwei souveränen Staaten bestünde, deren gegensätzliche Gesellschaftssysteme unter den gegebenen Umständen eine Wiedervereinigung ausschlössen.

Mit dieser Provokation hatte er die Spannung, die seit 1996 wieder etwas gelöst war, auf ein Maximum erhöht. Daraufhin hat Peking alle geplanten Gespräche mit Taiwan gestrichen und drohte der Insel mit ihrer militärischen Überlegenheit.

Als im März 2000 die zweiten freien Wahlen stattfanden, warnte der chinesische Premier Zhu Rongji die Taiwanesen ausdrücklich davor, Chen Shui-bian, dessen Ideologie die Autonomie Taiwans vertritt, zu wählen. Trotz dieser Drohung wurde er als Präsident bestätigt.

---

[4]Dettmann, Thomas; Salis, Madlen: Hintergründe zum aktulellen[aktuellen] Konflikt in China mit Taiwan. China. In: http://gauss.schwedt.com/projekte/konflikte/china.htm.

Um Pekings Misstrauen nicht weiter zu schüren, bekannte sich Präsident Chen Shui-bian in seiner Amtsrede am 20.März 2000 zu den „fünf Nein":

- „Keine Erklärung der Unabhängigkeit
- Keine Änderung des Namens „Republik China"
- Kein Referendum über die Unabhängigkeit
- Keine Aufnahme der Zwei-Staaten-Theorie in die Verfassung
- Keine Abschaffung der Richtlinien für die nationale Wiedervereinigung."[5]

Präsident Chen entwarf ein Konzept der Integration, nach dem Vorbild der Europäischen Union, um die Taiwanfrage zu lösen. Jedoch war die chinesische Regierung von seinem Vorhaben nicht begeistert und lehnte dieses Konzept mit der Begründung, dass sie die „Ein-China-Politik" verletze, ab. Weiters meinte sie, dass die chinesische Herrschaft nicht geteilt werden könne, denn ausländische Staaten würden sich über die Teilung und Schwächung Chinas nur freuen.[6]

2002 hatte die Volksrepublik China der Insel nach dem Prinzip „Ein Land-Zwei Systeme" ein Wiedervereinigungsmodell angeboten, welches auch für Hongkong u. Macao angewandt wurde. Das bedeutet, dass die Republik China

- ihre eigenen Streitkräfte,
- ihre eigene Regierung bzw.
- eigene Währung und Zollsysteme behalten dürfe.

Doch dieser Vorschlag wurde mit dem Argument abgewiesen: „Das sind Rechte, die wir alle schon haben. Dafür brauche wird nicht die Kommunisten."[7]. Der damalige taiwanesische Außenminister hatte im Jahre 1997 bei einem Interview schon deutlich erläutert: „Hong Kong model is not suitable for the Republic of China, because we are very different from Hong Kong. Whether one speaks of historical background, the political environment, or national defense capabilities, there are huge differences."[8]

---

[5]Taiwan. In:http://www.auswaertigesamt.de/www/de/laenderinfos/laender/laender_ausgabe_html?type_id=10&land_id=198
[6] Vgl. D. Rawnsley, T.Rawnsley: Political Communications in Greater China. The Construction and Reflection of Identity. 1.Aufl. London 2003. S 25.
[7] Die politische Wochenschau. In: http://www.die-kommenden.net/dk/wochen/04/jul_17_23.htm 9
[8] Wang, Anna: The Diplomatic Search for a Bright Future. A Talk with Foreign Minister John Chang. In: Sinorama. (1997) 8, S 47.

Weiters erklärte der taiwanesische Premierminister Yu Shyi-kun bei einem Radio-Interview mit der „Deutschen Welle" im November 2004: „‚Ein Land, zwei Systeme' funktioniert nicht"[9] und wies auf die Unzufriedenheiten der Hongkong-Chinesen hin.

Meiner Meinung nach vertritt Taiwan eine ambivalente Politik gegenüber China, denn einerseits appellierte Präsident Chen bei einem Besuch auf der Tatan Insel am 05.09.2002:

> „If the leaders of mainland China are willing, I would therefore like to invite them to come here to the Chen Cyuan Teahouse for a chat over a cup of tea...Beginning on August 1, 2002, I will work to promote a visit to mainland China....in order to increase mutual understanding and facilitate reconciliation between political parties."[10]

Andererseits verkündete er am 8.03.02 bei einem politischen Treffen „29th Annual Meeting of the World Federation of Taiwanese Associations":

> „ Taiwan's own road is Taiwan's road to democracy, Taiwan's road to freedom, Taiwan's road to human rights, and Taiwan's road to peace...Taiwan is not a part of any other country...Taiwan can never be another Hong Kong or Macau, because Taiwan has always been a sovereign state....Only the 23 million people have the right to decide the future, fate, and status of Taiwan....I sincerely call upon and encourage everyone to give thought about the importance and urgency of initiating a referendum legislation."[11]

Zwar versucht Taiwan China nicht weiterhin zu verärgern, doch es scheint, dass die Regierung keine Schwächen nach außen zeigen will. Denn jede Unterwürfigkeit könnte missverstanden werden und die Zukunft der Insel stark beeinträchtigen.

3. Wirtschaft

Eine unabhängige stabile Wirtschaft ist der bedeutsamste Schritt für einen autonomen Staat. Daher werde ich die wirtschaftliche Entwicklung Taiwans deutlich präsentieren.

Vor etwa hundert Jahren hat niemand erwartet, dass sich Formosa jemals zu einer Wirtschaftsmacht entwickelt, denn damals war es noch ein auf Agrikultur ausgerichtetes Land. Heute ist Taiwan neben Japan einer der am höchsten industrialisierten Staaten im Fernen Osten und zählt natürlich auch zu den so genannten „Newly Industrialising Countries", die auch „Tigerstaaten" genannt werden.

---

[9] Aretz, Tilman: Dialog auf gleichberechtigter Basis. In: Taiwan heute. (2004) 6, S 3.
[10] Ju, Julie; Chang, Dennis: Taiwan Yearbook 2003. Hrsg. Government Information Office Republic of China. 1. Aufl. Taipei; Taipei: 2003. S 94.
[11] Ju, Julie; Chang, Dennis: Taiwan Yearbook 2003. S 94.

„Als Tigerstaaten (das Wort wurde in den 80er Jahren des 20. Jahrhunderts geprägt) wurden wirtschaftlich boomende Staaten Asiens bezeichnet. Die Bezeichnung stammt daher, dass viele dieser Staaten von Tigern bewohnt sind oder früher waren und aggressiv von Schwellenländern zu Industriestaaten wuchsen.“[12]

Taiwan gehört heute zu den 16 größten Wirtschaftsmächten und gleichzeitig zu den 14 größten Exporteuren der Welt. Außerdem besitzt die Republik China die dritt- größten Devisenreserven. Das BIP „des kleinen Tigers“ betrug 281,9 Milliarden US Dollar und das Pro-Kopf- Einkommen 12916 US- Dollar im Jahre 2002[13]. Für das Jahr 2004 prognostiziert man ein BIP-Wachstum von 4,1 %[14]

3.1.   Gründe für die rasante Entwicklung dieses Schwellenlandes

- Unter der japanischen Kolonialherrschaft wurde in Taiwan von 1895-1945 eine gut funktionierende Infrastruktur aufgebaut, um die wirtschaftliche Ausbeute nach Japan zu bringen. Nach dem Rückzug der Japaner nach dem Zweiten Weltkrieg hinterließen sie schließlich gute landwirtschaftliche und industrielle Grundlagen.

- Ab 1949 herrschte die Kuomintang auf Taiwan, deren Ziel es war, die Wirtschaft um jeden Preis ankurbeln, da zu dieser Zeit das Wirtschafts- wachstum noch mit dem allgemeinen Wohlstand gleichgesetzt wurde, wobei die sozialen und persönlichen Entwicklungsziele vernachlässigt wurden.

- Ein weiterer Treibstoff der Wirtschaft der Republik China waren die vielen Auslandschinesen, welche das Geld und „Know-how“ im Ausland erworben hatten und in Taiwan investierten.

---

[12] Tigerstaaten – Wikipedia. In: http://de.wikipedia.org/wiki/Tigerstaaten
[13] Vgl. Hogan, Zachary; Chu, Karen: Taiwan auf einen Blick. Aretz, Tilman. 1. Aufl. Taipei; Taipei: 2003. S 23.
[14] Vgl. Handelskammer Hamburg. Länderbericht Taiwan.
http://www.hk24.de/HK24/HK24/produktmarken/index.jsp?url=http%3A//www.hk24.de/HK24/HK24/pr oduktmarken/international/investitionen_im_ausland/laenderinformationen/index.jsp

- In den 50er und den 60er Jahren erhielt Taiwan Subventionen von den USA (Näheres siehe Kapitel: „Taiwan unter dem Protektorat der USA").

## 3.2.	Die drei Wirtschaftssektoren

### 3.2.1.	Primärer Sektor

Durch die rasante Entwicklung in der Industrie verlor der primäre Sektor (Landwirtschaft und Bergbau) in den letzten 40 Jahren immer mehr an Bedeutung. Charakteristisch für diese Entwicklung ist die sinkende Zahl der Erwerbstätigen in der Landwirtschaft. In den 50er und 60er Jahren sorgte der Staat durch Reformen für höhere Exportüberschüsse. Eine der bedeutungsvollsten Veränderungen ist die Landreform in den 50er Jahren. Das Staatsland, welches nach dem Abzug der japanischen Kolonialherrschaft verstaatlich worden war, wurde an Pächter und Landarbeiter verkauft. Weiters mussten die Großgrundbesitzer, die im Besitz von mehr als 3ha Land waren, die darüber hinausgehenden Flächen dem Staat verkaufen. Im Gegenzug dazu wurden sie mit Wertpapieren entlohnt. Diese Politik garantierte auch die Abnahme der Ernte, was die Bauern antrieb ihre Produktivität zu steigern. Anlässlich der Reformen verloren die Großgrundbesitzer immer mehr an Macht. So entstand eine neue Eliteschicht aus der Bauernschaft, die der KMT-Regierung gegenüber loyal und somit keine oppositionellen Gegner für weitere Wirtschaftsreformen waren.

In den frühen 50er Jahren trug die Landwirtschaft etwa 32% zum BIP bei, während der industrielle Sektor nur 20 % ausmachte.[15] Doch schon ab den frühen 60er Jahren verlor die Landwirtschaft durch verstärkte Industrialisierung an Bedeutung. Der durchschnittliche Jahreszuwachs zwischen 1952-1992 betrug 2,7%, während man im industriellen Sektor jährlich 9,3% des BIP erzielte.[16] Die wirtschaftliche Situation der Landwirtschaft verschlimmerte sich Mitte der 80er Jahre drastisch, da Taiwan den

---

[15] Vgl. Peng, Pon-to: Die Republik China. Taiwan Handbuch. 3. Aufl. Taipei; Taipeh: 1994. S 74.
[16] Vgl. Schubert/Schneider: Taiwan, die chinesische Alternative, Hamburg 1994, S.284. Zitiert in: Rheinische Friedrich-Wilhelms Universität. Bonn Seminar für Orientalische Sprachen In: http://www.china.uni-bonn.de/_schrift/referate/LstTaiwan.htm#_ftnref10

Markt für ausländische Agrarprodukte geöffnet hat. Besonders die junge Landbevölkerung wanderte in den sekundären und tertiären Sektor ab und es kam zu einer starken Migration (Landflucht) in die Städte. Heute sind nur etwa 7,8 Prozent aller Erwerbstätigen in der Landwirtschaft tätig.[17] In den 50 Jahren hingegen machte die Bauernschaft mehr als die Hälfte der Gesamtbevölkerung aus.[18] Die wichtigsten landwirtschaftliche Produkte sind Süßkartoffeln, Reis, Tabak Sojabohnen, Tee Weizen und Zuckerrohr. Während die Feldfruchtproduktion von 1991-2001 drastisch zurückgegangen ist, wie dies in „Abbildung 2" zu sehen ist.

Jahr	Reis	Weizen (t)	Mais	Sojabohne	Kartoffel	Tee	Zuckerrohr	Tabak
1991	181,9	3581	32,1	8,4	19,7	2,1	453,6	2,1
1992	162,8	4326	33,9	7,6	19,6	2,0	585,8	1,6
1993	182,0	4921	34,6	7,6	21,3	2,1	480,3	1,7
1994	167,9	4440	39,7	8,1	18,4	2,4	550,4	1,9
1995	168,7	4429	37,6	9,2	17,3	2,1	486,2	1,3
1996	157,7	193	39,5	8,0	14,1	2,3	419,0	1,1
1997	166,3	85	33,8	8,4	20,5	2,4	390,2	1,0
1998	148,9	66	24,4	6,8	21,6	2,3	355,9	1,0
1999	155,9	88	20,1	6,7	21,3	2,1	325,6	0,9
2000	154,0	127	17,8	7,9	19,8	2,0	289,4	1,2
2001	139,6			5,6	20,5	2,0	218,0	

Abbildung 2: Wichtige Agrarprodukte der Provinz Taiwan (Angaben in 10 000 t)
(Quelle: China Fakten und Zahlen 2004. In: http://www.china.org.cn/german/ger-shzi2004/xzqh/htm/f1-7.htm)

Aus dieser Tabelle ist ersichtlich, dass vor allem die Weizen- und Zuckerrohrproduktion merklich reduziert wurde, denn innerhalb von 10 Jahren fiel die Weizenproduktion um das 28-fache. Gleichzeitig hat sich die Zuckerrohrproduktion mehr als halbiert.

Die größten Agrarunternehmen sind in der fruchtbaren Ebene des Westens. Etwa 25% der Gesamtfläche des Landes kann für den Anbau bewirtschaftet werden.

In den 50er Jahren betrug die durchschnittliche Wachstumsrate in der Fischerei 6%. Weiters waren Aquakultur- und Fischereiprodukte die wichtigsten Agrarexportgüter des „kleinen Tigers". Neben der Hochsee- und Küstenfischerei bildet die Aquakultur

---

[17] Vgl. Taiwan. Microsoft. Encarta 2005. Enzyklopädie Professional . Computer Software. Microsoft Corporation. 1993-2004.
[18] Vgl. Peng, Pon-to: Die Republik China. Taipei 1994. S 74.

den wichtigsten Sektor in der Fischerei. Aufgrund der zunehmende Verschmutzung und Versalzung des Grundwassers mussten einige Aquakulturbetriebe geschlossen werden.

Des Weiteren ist die Forstwirtschaft ein Bestandteil des primären Sektors. Trotz der ziemlich dicht bewaldeten Flächen des Landes reicht die Holzproduktion nicht für den eigenen Gebrauch aus. Eichen, Tannen, Zedern, Bambus und Rontangpalmen sind die bedeutsamsten Holzquellen.

Auch der Bergbau war ein gewichtiger Bestandteil des primären Sektors. Doch durch die Erschöpfung der Kohle und Erdgasreserven, die ohnehin nur in begrenzten Mengen verfügbar waren, sank die wirtschaftliche Bedeutung des Bergbausektors. Auf der Insel befinden sich leider nur wenige Rohstoffe und zu den wertvollsten Bodenschätzen zählen Steinkohle, Erdöl, Erdgas bzw. Marmor und Kalk. Andere Ressourcen sind jedoch nicht abbauwürdig.

3.2.2. Sekundärer Sektor

Ein Motiv für die „industrielle Revolution" in Taiwan ist, wie ich bereits erwähnt habe, der Bedeutungsrückgang des Primären Sektors. Das Jahreseinkommen der Bauern ist im Vergleich zur Stadtbevölkerung gering. Im Schnitt betrug das Einkommen einer in der Landwirtschaft tätigen Familie nur 65,4% eines nicht-landwirtschaftlichen Haushaltes.[19] Auch die ehemaligen Großgrundbesitzer trugen zur Industrialisierung bei, da sie teilweise ihre erworbenen Wertpapiere gegen Betriebe umtauschten.

1952 betrug der Anteil der Produktionen in der Industrie nur 20% des BIP, bis Mitte der 80er Jahre hatte sich dieser mehr als verdoppelt (48%).[20] Doch seither kam es zu einem tendenziellen Rückgang zugunsten des Dienstleistungssektors. 2001 lag der Industrieanteil nur noch etwa 31% des BIP, wie dies in der „Abbildung 3" ersichtlich ist.

---

[19] Vgl. Peng, Pon-to: Die Republik China. Taipei 1994. S 76.
[20] Vgl. Peng, Pon-to: Die Republik China. Taipei 1994 S 78.

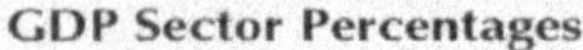

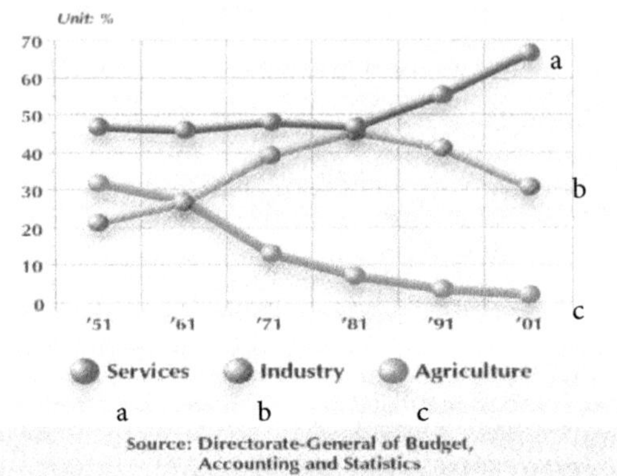

Abbildung 3 : GDP Sector Percentages
(Quelle: Ju, Julie; Chang, Dennis: Taiwan Yearbook 2003. S 143.)

Die Zahl der Beschäftigten im industriellen Bereich fiel von 43% (1987)[21] auf 27% (2001)[22]. Die stark gestiegenen Lohnkosten, hohe Immobilienpreise, Umweltschutz-auflagen und vor allem der Mangel an Arbeitskräften verursachen die Abwanderung taiwanesischer Produktionsbetriebe nach China, Hongkong oder Korea. Die Tendenz der Wirtschaftpolitik geht in Richtung Privatisierung im Industriesektor. 1952 gab es noch 57% Staatsunternehmen und im Jahre 1990 nur mehr 18%. [23]

3.2.2.1.   Die Entwicklungen seit den 40er Jahren

Die ersten bedeutungsvollen Betriebe in den 40er Jahren waren Textil- und Düngermittelfabriken. Später konzentrierte sich die taiwanesische Wirtschaft auf die Nahrungsmittelindustrie. Es wurden überschüssige Produkte aus der Landwirtschaft exportiert, um Devisen für weitere Importe zu bekommen. Parallel dazu erhielten Privatinvestoren Förderungsmittel, um Rohstoffe, Halbfertigprodukte und Maschinen

---

[21]Vgl. Ju, Julie; Chang, Dennis: Taiwan Yearbook. Taipei 2003. S 78.
[22] Vgl. Ju, Julie; Chang, Dennis: Taiwan Yearbook 2003. S 144.
[23] Vgl.Yu: Taiwan im Wandel: Wirtschaft, Taipei, 1999: Zitiert in: http://www.china.uni-bonn.de/_schrift/referate/LstTaiwan.htm#_ftnref10

zu importieren. Das Ziel dieser Entwicklung war, Verbrauchsgüter für den eigenen Binnenmarkt zu produzieren und somit weitere Importe zu ersetzen. In den 60 Jahren waren weitere Importsubstitution und Exportexpansion die Richtlinien der Wirtschaft. Desgleichen schufen Steuerbefreiungen, Kreditanreize und die Schaffung von Exportverarbeitungszonen die Basis für ein schnelles und anhaltendes Wirtschaftswachstum des Tigerstaates. Aufgrund der verstärkten ausländischen Konkurrenz versuchte man in den 70er Jahren den wirtschaftlichen Schwerpunkt auf die Schwer- bzw. Elektronikindustrie zu verlagern, da diese Voraussetzungen durch den stabile Binnenmarkt und die reichlichen Kapitalreserven gegeben waren. Im Rahmen der zehn „Großen Projekte" wurden Stahl-, Schiffsbau- und petrochemische Industrien errichtet. [24] Weiters wurde die Infrastruktur qualitativ verbessert. Im Gegensatz zu diesen kleinen Wirtschaftsprojekten, welche nur 4,7 Mrd. US-Dollar ausmachten, entstanden 1987 die „zwölf Neuen Entwicklungsprojekte", welche ein Investitionsvolumen von 386 Mrd. US- Dollar hatten. Der Bau von weiteren Schwerindustrien bzw. Kernkraftwerken und die Modernisierung der Infrastruktur waren die Ziele dieser Projekte.[25]

Die Hauptstrategie in den 80er Jahren war die Förderung der High-Tech-Industrien nach dem Konzept des Silicon Valleys. Technologieparks wurden in der Nachbarschaft von Forschungsinstituten gegründet. Schon 1993 betrugen die High-Tech-Exporte 35% des gesamten Außenhandels.[26]

Parallel dazu stieg der Anteil der Schwerindustrie an der Gesamtindustrieproduktion auf 58,7%. Mitte der neunziger Jahre aber veränderte sich die wirtschaftliche Situation, da die hohen Arbeitskräfteüberschüsse langsam erschöpft waren und die Erzeugerfirmen ihre Wettbewerbsfähigkeit wegen der steigenden Konkurrenz südostasiatischer Billiglohnländer verloren.[27]

„Abbildung 4" zeigt den Verlauf der Wachstumskurve zwischen 1950-1993. Von den 50er bis zu den 70er Jahren gab es ein kontinuierliches Wachstum. Seit den 70er Jahren sinkt die Kurve ein wenig.

---

[24]Vgl. Peng, Pon-tho: Die Republik China. S 69.
[25]Vgl. Bürklin ‚Wilhelm : Die vier kleinen Tiger. Die Pazifische Herausforderung. 1. Auflage. München: Wirtschaftsverlag Langen Müller Herbig 1993. S143ff.
[26]Vgl. Peng, Pon-to: Die Republik China. S 70.
[27] Vgl. Peng, Pon-to: Die Republik China S78f

Der Grund für die Rezession der Wirtschaft war die Einstellung der amerikanischen Subventionen. Näheres habe ich im Kapitel „Taiwan unter dem Protektorat der USA" noch genauer erläutert. Ein anderes Motiv für den Rückgang war sicherlich auch das starke Ansteigen der Lohnkosten, denn zwischen 1980-1990 stieg der durchschnittliche Monatslohn im 2. Sektor von 8000 auf 22000 Taiwan-Dollar. Vor allem im Bereich Informationstechnologie war der Anstieg noch dramatischer.[28]

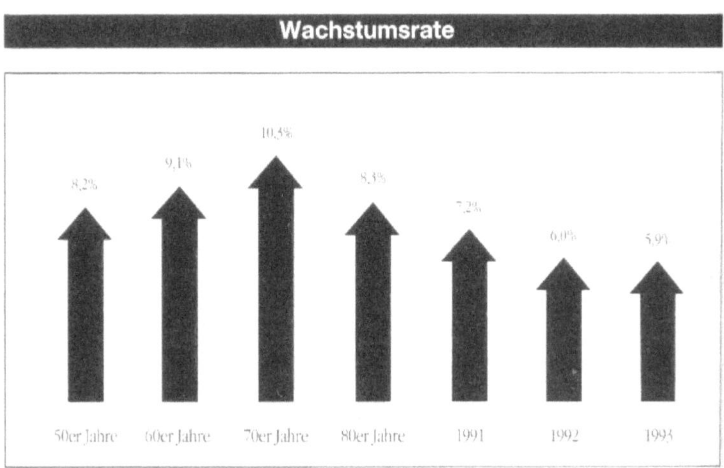

Abbildung 4: Wachstumsrate
(Quelle: Peng, Pon-to: Die Republik China. Taiwan. S 70.)

Weiters werde ich noch genauer auf einige Industriesektoren eingehen, die die taiwanesische Wirtschaft prägen.

---

[28] Vgl. Bürklin ‚Wilhelm : Die vier kleinen Tiger S 146.

3.2.2.2.   Bedeutungsvolle Industriebranchen

* Textilindustrie

Die taiwanesische Textilindustrie hat sich in den letzten 50 Jahren von einer einfachen Bekleidungs- zu einer modernen Kunststoffproduktionsindustrie einwickelt. In der zweiten Hälfte der 80er Jahre kam es zu zahlreichen Verlagerungen der Produktionsstätten nach Südostasien und China. Der Anlass dafür waren der Mangel an Arbeitskräften, die erhöhten Unkosten sowie die Verschärfung des Umweltschutzgesetzes. Die Verdrängung von kleinen Familienbetrieben war die Folge. Um die Wettbewerbsfähigkeit nicht weiter zu verlieren, verbesserten die Textilbranchen ihre Produktionen in Hinsicht auf die Qualität. Weiters hat man sich auf die Kunstfaserproduktion spezialisiert. Der Export von Textilien betrug etwa 11,8 Mrd. Dollar im Jahre 1992, während allein die Kunstfaserproduktion aber 4,6 Mrd. Dollar ausmachte, was insgesamt 2,2 Mio. Tonnen entspricht. Im Jahre 2001 produzierte Taiwan 3 Millionen Tonnen Kunstfasern.[29]

* Motorrad- und Fahrradindustrie

Taiwan ist nach Japan der größte Motorradproduzent. 1993 stellten die neun Motorradproduzenten 1,5 Mio. Motorräder her, davon wurden 17 % exportiert. Ebenso spielt Taiwan bei der Produktion von Fahrrädern entscheidende Rolle. (10,2 Mio. Fahrrädern im Jahre 1987). Aufgrund der Konkurrenz, vor allem aus China und Südkorea, ging die Produktion drastisch zurück. Während 1992 noch 7,7 Mio. Räder hergestellt wurden[30], befürchtet man einen Rückgang der Produktion auf 3 Mio. in den nächsten 3-5 Jahren.[31]

---

[29] Vgl. Peng, Pon-to: Die Republik China. Taiwan. S 85.
[30] Vgl. Peng, Pon-to: Die Republik China. Taiwan. S 83.
[31] Vgl. Bicycle industry rides on innovation. Taiwan retains role as leader through R&D capabilities. In: http://www.etaiwannews.com/business/2004/03/11/1078972853.htm

- Informationsindustrie

1993 war Taiwan der viertgrößte Hardwarehersteller nach Japan, den USA und Deutschland. Schon im Jahre 1993 wurden 3,2 Mio. PCs, 12, 7 Mio. Monitore und 28,7 Mio. Computermäuse, mit einem Handelsvolumen von 1,2 Mrd. US-Dollar, produziert. [32] Angesichts des globalen wirtschaftlichen Rückgangs und des 11. Septembers 2001 fiel der Produktionswert um 9,2 % auf 42,7 Mrd. Dollar. Im Vergleich dazu erzielte man 2000 noch 47 Mrd. Dollar. Wegen konkurrenzfähiger Preise und der guten Qualität blieb Taiwan einer der wichtigsten Hardwareproduzenten. 2001 lieferte die Republik China mehr als die Hälfte aller Scanner, Motherboards, Monitore und Notebooks für den gesamten Weltmarkt.[33]

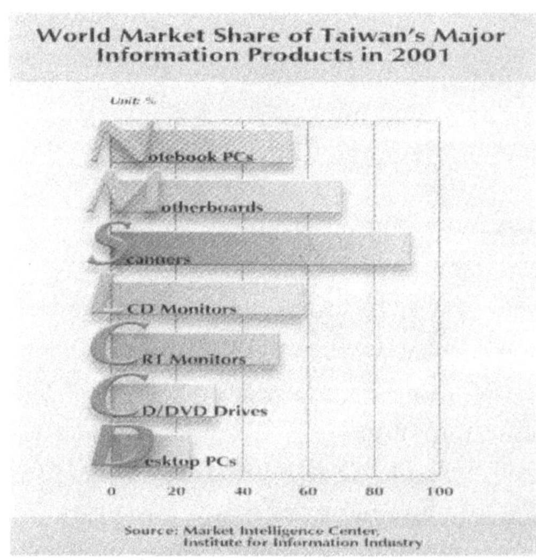

Abbildung 5: World Market Share of Taiwan's Major Information Products in 2001
(Quelle: Ju, Julie; Chang, Dennis: Taiwan Yearbook 2003. S 147.)

Aus dieser Statistik ist klar ersichtlich, dass fast 60% der LCD-Monitore bzw. 70 % der Motherboards und sogar 90 % aller Scanner aus Taiwan kommen.

---

[32] Vgl. Peng, Pon-to: Die Republik China. Taiwan. S80-82.
[33] Vgl. Ju, Julie; Chang, Dennis: Taiwan Yearbook 2003. S144f

Heute gibt es kaum einen Computer, der nicht ohne eine Komponente „Made in Taiwan" auskommt. Außerdem hat Taiwan dieses Jahr das Kopf-an-Kopf-Rennen mit Japan für sich entschieden, da es die Qualität ihrer Produkte verbesserte, und die Kosten aufgrund der Produktionsauslagerungen reduzierte. Also werden wir auch weiterhin viele taiwanesische IT-Produkte auf den Weltmarkt vorfinden.

3.2.3.   Tertiärer Sektor

Auch in Taiwan gewinnt der Dienstleistungssektor immer mehr an Bedeutung. Besonders starke Zuwächse erhält man in den letzten Jahren in Bereichen wie Handel, Finanz- und Geschäftsdienstleistungen sowie Immobilien und Versicherungen. Während 1992 der tertiäre Sektor nur 55,1% umfasste[34], stieg er im Jahre 2001 auf fast 67% des BIP an. Außerdem sind 56.48% der 9,83 Millionen Arbeiternehmer im 3. Sektor beschäftigt.[35]

Der Finanzsektor, ein Bestandteil des Dienstleitungssektors, war einer der Hauptkomponenten für die Entwicklung der Wirtschaft auf Formosa, da der Staat die Wirtschaftsentwicklung durch gezielte Steuer- und Kreditpolitik kontrollierte. Diese Politik konnte nur durchgesetzt werden, weil es kaum Privatbanken gab und die Neugründung lange Zeit verboten war.

Um die Wirtschaft anzukurbeln und zu beeinflussen, verfolgte Taiwan zuerst eine Hochzinspolitik:
- sehr hohe Verzinsung, um Investoren anzulocken,
- kurze Laufzeit, um das Vertrauen der Bevölkerung zu gewinnen,
- Gewährung billiger Kredite für Unternehmen.[36]

Diese Reformen ermöglichen dem Staat, durch seinen Einfluss, zum Beispiel durch Begrenzungen der Kredite, unerwünschte Industriebranchen zu kontrollieren.

---

[34] Vgl. Peng, Pon-to: Die Republik China. Taiwan. S 86.
[35] Vgl. Ju, Julie; Chang, Dennis: Taiwan Yearbook 2003. S143f
[36] Vgl. Nguyen, Sing: In: http://www.china.uni-bonn.de/_schrift/referate/LstTaiwan.htm

Ende der 80er Jahren versuchte die Regierung den Banksektor zu liberalisieren und die Devisenbestimmung für ausländische Banken zu lockern, um ausländische Investoren auf die Insel zu locken.

Aus den Taiwan Nachrichten „Dienstleistungsindustrie wird wichtiger" vom 15. September 2004 entnehme ich, dass Taiwans Dienstleistungsbranchen zukünftig eine noch wesentlichere Rolle spielen werden. Weiters, dass die Zahl der Beschäftigten im tertiären Bereich gegenüber dem Vorjahr um 170000 gestiegen ist. Laut Statistik beträgt der Dienstleistungssektor heuer 67,7 Prozent des BIP.

3.3.   Handelspartner der Republik China

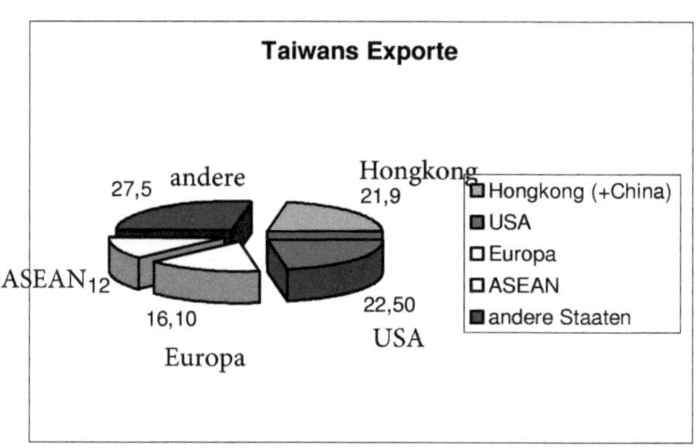

Abbildung 6: Taiwans Exporte (Werte in Prozent und aus dem Jahre 2001)
(Quelle: Vgl. Ju, Julie; Chang, Dennis: Taiwan Yearbook 2003. S 139.)

Aus diesem Diagramm sind die größten Absatzmärkte der taiwanesischen Produkte ersichtlich. Mehr als 70% der Exporte gingen an die Haupthandelspartner: USA, Hongkong und China, Europa und die ASEAN.[37]

98,4 Prozent der taiwanesischen Exportprodukte waren Industriegüter (2001). Weiters machten mechanische Geräte sowie elektrische Maschinen 54,4 Prozent des gesamten Exportes aus. [38]

---

[37] ASEAN (Association of Southeast Asian Nations), Zusammenschluss südostasiatischer Staaten zum Zwecke der wirtschaftlichen, sozialen und kulturellen Zusammenarbeit.
[38] Vgl. Ju, Julie; Chang, Dennis: Taiwan Yearbook 2003. S 139.

3.3.1.   Wirtschaftliches Verhältnis zwischen den USA und Taiwan

Die Vereinigten Staaten sind einer der größten Wirtschaftspartner Taiwans. Das Volumen des bilateralen Handels betrug im Jahre 2001 45,8 Milliarden US-Dollar.[39] Die Handelsbeziehungen zwischen Taiwan und den USA sind sehr intensiv. Das Volumen des totalen Exports in die USA betrug im Jahre 2001 27,67 Milliarden US-Dollar.[40] Weiters ist in „Abbildung 6" zu erkennen, dass ca. ein Viertel der taiwanesischen Exporte in die USA gehen. Mit 17,1 % aller Importe waren die USA nach Japan der zweitgrößte Lieferant Taiwans 2001.[41] Taiwans Importe sind überwiegend Rohmaterialien und Agrarprodukte.

Die Vertreter der Vereinigten Staaten und Taiwan sprechen immer häufiger von einem „Taiwan - US Free Trade Agreement", beispielsweise besagt die amerikanische „House Concurrent Resolution 98" im Jahre 2002: „the United States should increase trade opportunities with Taiwan by launching negotiations to enter into a free trade agreement with Taiwan."[42]

Dieses Abkommen sollte den Freihandel zwischen den beiden Staaten noch mehr ankurbeln.

3.3.2.   Taiwanesische Abhängigkeit vom chinesischen Markt

Aufgrund der Taiwanstreitfrage und der damit verbundenen politischen Situation herrscht nur ein indirekter Handel zwischen China und Taiwan durch ein „Drittes Land" (Hongkong).

Trotzdem betrug das bilaterale Handelsvolumen der beiden Staaten im Jahre 2001 29,96 Milliarden Dollar. Seit 2001 ist China der drittgrößte Handelspartner der Insel. Gleichzeitig ist Taiwan der fünftgrößte Investor in China.[43]

1990 betrug das taiwanesische Exportvolumen nach China noch etwa 4 Mrd. und 10 Jahre später stieg der Exportwert auf 24 Mrd. US-Dollar an.[44]

---

[39] Vgl. Ju, Julie; Chang, Dennis: Taiwan Yearbook 2003. S 138.
[40] Vgl. Ju, Julie; Chang, Dennis: Taiwan Yearbook 2003. S 138.
[41] Vgl. Ju, Julie; Chang, Dennis: Taiwan Yearbook 2003. S 139.
[42] Lawmakers Recommend Free Trade Agreement with Taiwan. Measure notes Taiwan is 8th largest trading partner of U.S. In: http://japan.usembassy.gov/e/p/tp-20030416a9.html
[43] Vgl. Ju, Julie; Chang, Dennis: Taiwan Yearbook 2003. S 141.

Somit ist deutlich erkennbar, dass „der kleine Tiger" in den letzten 10 Jahren sehr vom chinesischen Markt abhängig geworden ist.

Allein in den ersten 10 Monaten des heurigen Jahres gingen 36,8% aller Exporte nach Hongkong und China. Nach Angaben des taiwanesischen Außenhandelsbüros blieben China und Hongkong die wichtigsten Abnehmer.[45]

China nützt Taiwans wirtschaftliche Abhängigkeit, um es für die Wiedervereinigung durchzusetzen.

Abbildung 7: Taiwanese businessmen obey China
(Quelle: In Taiwan Journal. 2. Juli. 2004. Nr. 26, S 6.)

Im Artikel „Ex-President Lee chastises Beijing" im „Taiwan Journal" vom 9. Juli 2004 wird berichtet, dass sich der ehemalige Präsident Lee Teng-hui über die aggressive Außenpolitik Chinas beschwere, denn Peking übe Druck auf taiwanesische Geschäftsleute aus, die in China tätig sind, und jene, die die Unabhängigkeit Taiwans unterstützen. Weiters nenne er diese Politik „hooliganism" und fordere seine Landsleute auf gegen China auf ein Machtwort zu sprechen.

Taiwans Exporte nach China haben sich um 49,69% gesteigert, während die Exporte nach Europa, USA und Japan, jeweils um 13,6%, 25,5% und 28,2% in den letzten drei

---

[44] Vgl. Derichs, Claudia; Heberer, Thomas: Einführung in die politischen Systeme Ostasiens. Hrsg. Heberer, Thomas. 1. Auflage. Verlag Leske + Budrich Opladen. 2003. S 361.
[45] Vgl. Chen, Yu-shun: Hongkong und Festland wichtigste Exportziele. In: Taiwan Nachrichten 12.9. Nr.18, S 4.

Jahren gesunken sind.[46] Aufgrund der chinesischen Annäherungsversuche soll Taiwan seine wirtschaftliche Abhängigkeit vom Festland reduzieren und dafür mehr globale Beziehungen knüpfen, denn China droht auch mit wirtschaftlichen Sanktionen im Falle einer Unabhängigkeitserklärung.[47] Weiters behauptet Albert T.C. Liu in seinem Artikel: „Time to wean Taiwan from leaning on China" im „Taiwan Journal": „Given China's key role in the global economy and the Asian economy in particular, such an eventuality would of course have a devastating effect far beyond its borders."[48]

Daher ist es für diese kleine Insel sehr schwierig, sich vom Festland loszureißen, denn nicht nur Chinas militärische Überlegenheit könnte Taiwan bedrohen, sondern auch dessen wirtschaftliche Dominanz.

3.3.3. Wirtschaftliche Beziehungen zu Europa

Europa genießt heute schon eine enge Zusammenarbeit in den Bereichen Kultur, Technologie und Tourismus mit Taiwan. Trotz seiner Entfernung, der Sprachbarrieren und der Isolation betrug das bilaterale Handelsvolumen Taiwans mit Europa 42,7 Mrd. Dollar im Jahre 2000, welches 14,8% des Gesamthandelsvolumens der Republik Chinas entsprach. Die wirtschaftlichen Beziehungen zu Europa gewannen erst Mitte der 80er Jahren an Bedeutung, da Taiwan als Basis für die Marktöffnung zu anderen asiatischen Staaten dienen soll. Zugleich sind Taiwans Exporte nach Europa in den vergangenen fünf Jahren besonders gestiegen.[49]

Aus „Abbildung 6" ist noch ersichtlich, dass im Jahre 2001 mehr als 16 % der taiwanesischen Exporte nach Europa gingen.

Taiwans Exporte nach Europa waren zu Beginn überwiegend nur Textilienerzeugnisse, wie zum Beispiel Kleidung und Schuhe. Heute hingegen sind technologische Produkte die bedeutendsten taiwanesischen Ausfuhren nach Europa.[50]

---

[46] Vgl. Liu, Albert T.C.: Taiwan Journal. Taiwan should balance global economic links. 2. Juli. 2004. Nr. 26, S 6.

[47] Vgl. Liu, Albert T.C.: Taiwan Journal. Taiwan should balance global economic links. 2. Juli. 2004. Nr. 26, S 6.

[48] Liu, Albert T.C.: Time to wean Taiwan from leaning on China. In: Taiwan Journal. 10. 9. 2004. Nr. 35, S 6.

[49] Vgl. Taipei Wirtschafts- und Kulturbuero. Bilaterale Investitionen zwischen Europa und Taiwan. In: http://www.taipei.at/deutsch/

[50] Vgl. Rong-i, Wu: Die Beziehungen zwischen Taiwan und Europa nach dem WTO-Beitritt. In: http://www.gio.gov.tw/taiwan-website/abroad/de/eu/3-1.htm

Zwischen der Europäischen Union und der Republik China besteht eine enge bilaterale Beziehung. Von 1980-1997 stiegen die Exporte von Büromaschinen und Computern in die EU um das 25-fache an. Weiters führen die Taiwaner hauptsächlich Rüstungsgüter und Rohstoffe von der EU für die Herstellung von Automobilien, IC-Chips, Maschinen und Stahl ein.[51]

Weiters führen die Taiwaner hauptsächlich Rüstungsgüter und Rohstoffe aus der EU ein, die für die Herstellung von Automobilen, IC-Chips, Maschinen und Stahl verwendet werden.[52]

3.3.4.   Aufbau eines Netzes von Wirtschaftspartnern

Zwar hat Deutschland keine diplomatischen Beziehungen zu Taiwan, obwohl die BRD im Laufe der Jahre zu einem der wichtigsten europäischen Wirtschaftspartner geworden ist. Hingegen ist die Republik China der viertwichtigste Handelspartner Deutschlands in Asien. Zurzeit haben sich etwa 250 deutsche Unternehmen in Taiwan niedergelassen. Im Jahre 2003 betrugen Taiwans Ausfuhren nach Deutschland 4,2 Mrd. USD. Hingegen machten die Importe aus Deutschland 4,4 Mrd. USD aus.[53] Die BRD importiert vor allem PCs, Elektronik- und Telekommunikationsgeräte, Fahrradteile und Textilien aus Formosa. Gleichzeitig exportiert sie Fahrzeuge, Maschinen, Chemikalien, Stahl und Kunststoffprodukte nach Taiwan.

Die „Taiwan Nachrichten" vom 14. Oktober 2004 berichten im Artikel „Österreichisch-taiwanesische Wirtschaftsbeziehungen", dass nach dem Rückgang der österreichischen Exporte nach Taiwan im Jahre 2002 ein rasanter Anstieg für das Jahr 2003 im 2. Halbjahr erfolgte (15,8%). Weiters wurde in den ersten sechs Monaten dieses Jahres ein Zuwachs von 22% auf 107 Mio. € bekannt gegeben. Unsere wichtigsten Exportwaren seien laut diesem Bericht Rohstoffe für die Halbleiterindustrie sowie wichtige Komponenten für den Verkehrssektor. Parallel dazu stiegen unsere Importe aus Taiwan im ersten Halbjahr 2004 um 21% auf 257 Mio. €. Taiwan beliefert uns vor allem mit Produkten aus dem IT- Bereich, mit Maschinen, Sportartikeln und Fahrrädern.

---

[51] Vgl. Rong-i, Wu: Die Beziehungen zwischen Taiwan und Europa nach dem WTO-Beitritt. In: http://www.gio.gov.tw/taiwan-website/abroad/de/eu/3-1.htm
[52] Vgl. Rong-i, Wu: Die Beziehungen zwischen Taiwan und Europa nach dem WTO-Beitritt. In: http://www.gio.gov.tw/taiwan-website/abroad/de/eu/3-1.htm
[53] Vgl. Taiwan Bilaterale Beziehungen. In: http://www.auswaertiges-amt.de/www/de/laenderinfos/laender/laender_ausgabe_html?type_id=14&land_id=198

Es wird immer deutlicher, dass Taiwan auf diplomatische Beziehungen sehr angewiesen ist. Da die Insel einerseits China in jeder Hinsicht unterlegen ist und andererseits keine Beistandsgarantie der USA erwarten kann, bleibt ihm nur der Weg weitere Verbündeten zu suchen. Denn wie die taiwanesische Wirtschaftsministerin, Ho Mei-yueh schon sagte: „Die Verbesserung der Außenbeziehungen durch Wirtschafts- und Handelsaustausch ist eine Schlüsselstrategie bei unseren Bestrebungen, Anschluss an die Welt zu finden."[54]

4. Der lange Kampf um die Unabhängigkeit

Nun werde ich die Motive nennen, warum Formosa einen eigenständigen unabhängigen Status anstrebt.

- Einer der bedeutungsvollsten Gründe für Taiwans Streben nach der Selbstständigkeit ist der kulturelle Unterschied zur VR China. Würde sich ein Kanadier gerne mit einem US-Amerikaner vergleichen lassen? Faktum ist, dass die Inselbewohner eine andere Identität besitzen. Im Gegensatz zum Festland wurde auf Taiwan die alte chinesische Kultur gepflegt und erhalten. Vor allem während der Kulturrevolution wurden von den Kommunisten in China viele bedeutende kulturelle Gebäude und Kunstschätze vernichtet. Formosa hingegen besitzt die größten und prächtigsten kulturellen Erbteile der chinesischen Dynastien. Während auf dem Festland die Religion als Aberglaube von den Kommunisten abgelehnt wurde, blieb der konfuzianische Gedanke und Glaube in den Köpfen der Taiwaner erhalten.
  Ein weiterer kultureller Unterschied zu China ist die Beibehaltung der Schriftzeichen in ihrer traditionellen Form, während in der VR China vereinfachte Kurzzeichen eingeführt wurden.
  Daraus folgt, dass die kulturellen Differenzen ein wichtiger Aspekt für die Autonomiebestrebungen Taiwans sind, und es somit falsch ist, wenn viele behaupten, dass Taiwan und China die gleiche Kultur pflegen.

- Weiters befürchten die Taiwaner, von den fast 1,3 Mrd. Festlandchinesen „überrannt" zu werden. Im Vergleich dazu beträgt die Bevölkerung auf dem

---

[54] Her, Kelly: Wo gehandelt wird. In: Taiwan heute. (2004) 5, S 3.

Festland das 57-Fache der Einwohnerzahl auf Formosa. Aus diesem Grunde haben viele Inselbewohner Angst um ihre Arbeitsplätze, aber auch um ihre Sicherheit.

- Desgleichen würde Taiwan bei einem Anschluss seine politische Selbstständigkeit und Autorität verlieren, wie Präsident Chen schon zu seinem ehemaligen Amtskollegen, Ex-Präsident Kim Young-sam sagte: „Taiwan is absolutely a sovereign, independent nation. It's a great nation, and it absolutely does not belong to the People's Republic of China. That is the present situation, that is the reality."[55]
Zwar hat China Taiwan viele Rechte zugesichert, allerdings würde es von der jetzigen Zentralregierung zu einer Provinzregierung degradiert.

- Viele Taiwaner ahnen und befürchten eine Veränderung ihrer Wirtschaft. Infolgedessen haben einige Geschäftsleute das Land verlassen, was langfristig auch der Wirtschaft sehr schadet. Es droht eine verstärkte Auslagerung der Firmensitze nach China in Folge der Wiedervereinigung, denn das Festland bietet wirtschaftlich günstige Mittel für Investoren an.

- Taiwans größte Befürchtung ist jedoch der herrschende Kommunismus in China und die damit verbundenen Menschenrechtsverletzungen. Zwar garantierte China Taiwan seine Autonomie, trotzdem hat die Bevölkerung Angst, ihre hart erworbene Demokratie langsam, aber sicher durch den chinesischen Einfluss im Falle einer Wiedervereinigung zu verlieren. Denn laut einem Report anlässlich des 7. Jahrestages Hongkongs soll es 157 Verstöße gegen die Autonomie Hongkongs gegeben haben.[56] (Siehe auch „Abbildung 8 und 9")
Anlässlich der Proteste der Hongkong-Chinesen für mehr Rechte am 1. Juli schlug der deutsche Außenminister Joschka Fischer im Juli 2004 bei einem Besuch in Peking der chinesischen Regierung vor:„ Hong Kong should be allowed to hold free and fair elections.[57]

---

[55] Taiwan Calls Powell Speech 'Big Surprise': In:
http://www.newsmax.com/archives/articles/2004/10/26/200645.shtml
[56] Vgl.Verstöße gegen die Autonomie Hongkongs. In: www.roc-taiwan.de/policy/20040811/2004081101.html
[57] Mehta, Manik: Germany's Fischer speaks his mind in Beijing. In: Taiwan Journal. 6. 8. 2004. Nr. 31, S 7.

Abbildung 8: Verstöße gegen die Autonomie
(Quelle: In: Taiwan Journal. 19. November. 2004. Nr. 45, S 6.)

Abbildung 9: China hat Hongkong in der Hand
(Quelle: In: Taiwan Journal. 19. Juli. 2004. Nr. 27, S 6.)

Diese Karikaturen stellen die Verletzung der Autonomie Hongkongs dar. „Abbildung 8" zeigt, wie die Medienfreiheit von der chinesischen Autorität untergraben wird. Hingegen zeigt die „Abbildung 9", dass Hongkong zwar eine eigene Verwaltung hat, die jedoch von China kontrolliert wird. Wenn selbst Hongkong, welches als friedliches Vorbild für Taiwan gelten sollte, teilweise undemokratisch behandelt wird, was wird dann erst nach der Wiedervereinigung mit den so genannten Sonderverwaltungsgebieten passieren?

4.1.   Warum kann China nicht auf Taiwan verzichten?

Eine der grundlegenden Fragen in Bezug auf das Taiwandilemma ist, warum China unbedingt auf Taiwans Wiedervereinigung besteht. Denn schließlich hat Taiwan keine bedeutenden Bodenschätze. Hier gibt es viele Gründe und Theorien:

- China befürchtet, dass Taiwans Unabhängigkeitsstreben auch als Vorbild für andere Provinzen wirken könne.

- Taiwan ist das letzte große chinesische Territorium, in welchem China noch keine totalen Machtansprüche besitzt.

- Taiwan ist aufgrund seiner zentralen Lage hervorragend für Kommunikationszwecke zu Ostasien geeignet.

- Es ist natürlich auch eine Frage der Ehre, sein Land zurückzubekommen. Weiters würde es so aussehen, als hätte China gegen seinen Erzfeind, die USA nachgegeben.

- Die Republik China kontrolliert bedeutsame Schifffahrtswege im Westpazifik und die VR China könnte diesen Vorteil nützen und zukünftig Hochseeflotten errichten.

- Taiwan dient als Basis für militärische Streitkräfte Chinas, mit der die Chinesen die Vormachtstellung des Pazifikraums sichern könnten.

- Es gibt nur ein China und die Republik China ist der Repräsentant aller Chinesen, denn es sind 98% der heutigen Bevölkerung auf Formosa Chinesen.

- Taiwan würde die wirtschaftliche und politische Bedeutung Chinas noch weiter ankurbeln.

Wie ich schon sehr ausführlich berichtet habe, stellt China nicht nur eine wirtschaftliche Bedrohung für Taiwan dar, sondern auch eine militärische. Ein kurzer Überblick der chinesischen Militärpolitik soll Klarheit verschaffen.

4.2.   Die Bedrohung durch die Volksrepublik China

Wer denkt, dass diese Streitfrage ganz friedlich gelöst wird, der irrt sich gewaltig. Denn hinter der friedlichen Fassade Chinas herrscht eine aggressive Aufrüstungspolitik. „Die Vorstellung, lieber 1000 Truppen als einen Zollbreit Boden zu verlieren, ist im Herzen des chinesischen Volkes tief eingewurzelt."[58]

Einerseits verlockt China mit friedlichen Angeboten Taiwan zu einer Vereinigung, andererseits versucht Peking „den kleinen Tiger" durch seine militärische Überlegenheit einzuschüchtern, wie dies in der „Abbildung 10" dargestellt wird.

Abbildung 10: Die chinesische Bedrohung
(Quelle: In Taiwan Journal. 10. September. 2004. Nr. 35, S 6.)

Die „Salzburger Nachrichten" vom 26.07.2004 berichten im Artikel „Kriegsspiele um Taiwan", dass das chinesische Militär den Krieg gegen Taiwan auf einer kleinen Insel „Dongshan" probe. Auf der Insel Fujian seien 500 Mittelstreckenraketen stationiert. Desgleichen übten die Taiwanesen mit Hilfe der USA den Ernstfall. Viele Diplomaten und Militärexperten warnen daher, die Taiwan-Krise nicht zu unterschätzen.

---

[58] Gu, Xuewu: Taiwan: Zeitbombe im Fernen Osten, In: Aussenpolitik, Bd 47 Heft 2, 1996, S. 197- 206, S. 199. Zitiert in: Höhne, Markus: Das Verhältnis zwischen der VR China und der Republik China auf Taiwan gestern und heute. In: http://www.chinafokus.de/nmun/4_i.php#anfang

Experten schätzen, dass Chinas Ausgaben für Rüstungen mindesten 75 Milliarden Dollar für das Jahr 2004 betragen hätten und behaupten, dass Pekings Angaben verfälscht worden seien. Denn offiziell scheinen nur 25 Milliarden US-Dollar Verteidigungsausgaben in der Statistik auf.[59]

Die „Salzburger Nachrichten" vom 23.Juli 2004 berichten in dem Artikel „China bereitet Sprung nach Taiwan vor", dass Peking neue russische Raketenzerstörer ankaufe. Ebenso habe China das Ziel ihre Mittelstreckenraketen auf 600 bis 2005 zu aufzustocken.

Abbildung 11: Chinesische Mittelstreckenraketen auf der Taiwanstraße
(Quelle: Hilario, Ernesto: Taiwan Journal. PRC military buildup casts dark shadow. 22. Okt. 2004.
Nr. 41, S 7.)

Mir scheint, dass Chinas Militärpolitik nicht nur das Ziel hat, Taiwan „in Schach" zu halten, sondern auch der westlichen Welt seine Macht zu demonstrieren. Denn jede Einmischung könnte seinen Plan für die Vereinigung behindern. Es ist auch eine Frage des Prestiges und der Ehre sein „Eigentum" zu festigen.

---

[59] Vgl. Hilario, Ernesto: Taiwan Journal. PRC military buildup casts dark shadow. 22. Okt. 2004. Nr. 41, S 7.

Die taiwanesische Regierung handelte sofort, nachdem das Pentagon Taiwan vor einer möglichen Invasion durch China gewarnt hatte. Die Chinesen könnten schon im Jahre 2006 einen Erstschlag auf Taiwan führen. Um die chinesische Armee abwehren zu können, wurden etwa 18.2 Mrd. US-Dollar von der taiwanesischen Regierung für den Ankauf moderne Waffen bewilligt. Der Kauf von 8 U-Booten, einem Raketenabwehrsystem und 12 Flugzeugen wurde somit für die nächsten 15 Jahren geplant. Um einen möglichen Angriff abzuwehren, hofft das Verteidigungsministerium, weitere Soldaten in den nächsten drei Jahren zu rekrutieren.[60] Weiters warnte der taiwanesische Premierminister Yu Shyi-kun China: „If you attack me with 100 missiles, I will at least attack you with 50. If you attack Taipei and Kaohsiung, I will attack Shanghai."[61]

4.3.   Taiwan unter dem Protektorat der Vereinigten Staaten

4.3.1.   Die taiwanesisch - amerikanische Freundschaft

Das Verhältnis zwischen Taipei, Peking und Washington spielt eine wesentliche Rolle in der Taiwanfrage, wie dies auch die Karikatur in der „Abbildung 12 „ darstellt.

Abbildung 12: Die Dreiecksbeziehung
(Quelle: Taiwan Journal. 23. Juli. 2004. Nr. 29, S 6.)

Die Integration Formosas in das westliche System mit Hilfe der USA brachte nicht nur außenpolitische Stabilität, sondern auch ein gewaltiges Wirtschaftswachstum in den 50er Jahren. Taiwan wurde regelmäßig mit den neusten Technologien und Waffen

---

[60] Vgl. Chen, Yu-shun: Pentagon warnt Taiwan vor möglichen Militärschlag. In: Taiwan Nachrichten. 15. Juni 2004. Nr.10/2, S 3.
[61] Hung, Alice: Thousands of Taiwan People Protest U.S. Arms Deal. In: http://www.commondreams.org/headlines04/0925-22.htm

unterstützt. Weiters stellten amerikanische Wirtschaftswissenschaftler wertvolle Entwicklungspläne für die Insel auf, die außerdem noch mit amerikanischem Geld finanziert wurden. Denn Taiwan sollte als ein Exempel für die westliche Überlegenheit dienen.

1953 beabsichtigte US- Präsident Eisenhower, seine Streitkräfte aus dem Ausland zurückzuziehen, da einerseits die eigenen Reservetruppen in der Heimat wieder verstärkt und andererseits die Militärausgaben eingedämmt werden sollten. Dennoch konnten die Amerikaner ihre Verbündeten nicht dem Kommunismus überlassen und angesichts dieser Tatsache beschlossen sie, Taiwan aufzurüsten, um die Stabilität Asiens weiter zu garantieren.

1954 misslang der chinesische Einschüchterungsversuch durch einen Angriff auf die Insel Jinmen. Als Folge entstand im selben Jahr ein Verteidigungsabkommen zwischen den USA und Taiwan. Sie beinhaltete eine Beistandspflicht der USA im Falle einer chinesischen Invasion auf Taiwan.

Zwischen 1951 und 1968 investierten die USA etwa 2,9 Milliarden US-Dollar in die taiwanesische Wirtschaft. 1968 wurden die finanziellen Unterstützungen eingestellt, da diese schon mehr als zuvor prognostiziert gestiegen waren.[62] Es ist also nicht falsch zu behaupten, dass die relativ stabile Einwicklung der Wirtschaft Taiwans seit den 50er Jahren den USA zu verdanken ist.

Die diplomatische Beziehung zu Taiwan litt durch die amerikanische Anerkennung der VR China 1979 sehr. Allerdings um seinen Verbündeten nicht völlig im Stich zu lassen, wurde der „Taiwan-Relations-Act"[63] ausgearbeitet, in dem garantiert wird, dass die USA die Sicherheit Taiwan unterstützen würde. Aber nicht zu übersehen ist, dass dieser „Act" kein Verteidigungspakt ist, vielmehr nur ein „ Versprechen". Das wiederum bedeutet, dass die USA keinen militärischen Beistand garantierten. Des Weiteren öffneten die Amerikaner ihre Märkte für taiwanesische Güter. 1980 annullierten die Vereinigten Staaten das Verteidigungsabkommen von 1954.

Vor den ersten freien Präsidentschaftswahlen der Republik China 1996 versuchten die Chinesen mittels zahlreicher Manöver und Raketentests die Wähler einzuschüchtern. Die Vereinigten Staaten entsandten am 10. und 12. April aufgrund des „Taiwans-

---

[62]Vgl. Linhart Sepp; Pilz, Erich: Ostasien. Geschichte und Gesellschaft im 19. und 20. Jahrhundert. Linhart; Sepp, Pilz; Erich (Hrsg.) 1. Aufl. Wien: Promedia 1999. S 225.
[63] Vgl. Fulda, Andreas: Unlösbar? Der Souveränitätskonflikt zwischen der VR China und Taiwan. In: http://www.weltpolitik.net/Regionen/AsienPazifik/ChinaTaiwan/Grundlagen/Unl%F6sbar%3F%20Der% 20Souver%E4nit%E4tskonflikt.html

Relations-Act" zwei Flugzeugträger, um ihren Verbündeten zu helfen. Tatsächlich hat Washington sein Versprechen gehalten. Nach der Entspannung der Lage zogen die USA ihre Flugzeugträger aus dem Krisengebiet ab. Es scheint zwar die Gefahr entschärft zu sein, jedoch traten wieder Spannungen zwischen der VR China und den USA auf. Washington warnte Taiwan zwar ausdrücklich davor, das Festland zu provozieren, dennoch belieferten sie die Insel weiterhin mit „Defensivwaffen". Es ist für die USA ein Dilemma und deshalb nicht möglich, strategische Richtlinien für die Taiwanfrage festzulegen. Wie der ehemalige US-Außenminister James Baker schon meinte:

> *"If we said we would come to the defense of Taiwan under any and all circumstances, she would declare independence and China would move – no doubt about that in my mind. If we would say we wouldn't, China would move. And so we shouldn't say under what circumstances and to what extend [t], we will aid Taiwan, but we should make it clear, that we would view with the gravest concern any resort to the use of force"[64]*

Die USA können weder das Unabhängigkeitsstreben Taiwans befürworten noch das Land im Stich lassen. Nur die Erhaltung des so genannten „Status quo" kann die Sicherheit und Stabilität Asiens gewährleisten. Anscheinend wird dieses Patt nicht akzeptiert, denn US-Präsident G.W. Bush versuchte, wie er schon vor 4 Jahren angekündigt hat, eine gewissenhafte Taiwanpolitik zu üben.

Seit Präsident Bush im Amt ist, beliefern die Amerikaner die Insel nicht nur mit Waffen, sondern verhelfen der Republik China auch zum Beitritt zu internationalen Organisationen. Beispielsweise berichten die „Taiwan Nachrichten" vom 15. Juni 2004 im Artikel „Präsident Bush unterzeichnet Gesetz zur Unterstützung Taiwans in der WHO", dass Bush ein Gesetz erlassen wolle, welches den Beitritt Taiwans in die WHO aktiv unterstützen werde. Um nicht von China falsch verstanden zu werden, erklärte er, dass diese Maßnahme keinen Einfluss auf die „Ein-China-Politik" haben werde. Darüber hinaus sagte er „The United States has expressed publicly its firm support for Taiwan's observer status and will continue to do so."[65]

Weiters erklärte die amerikanische Kommission für Taiwan-Angelegenheiten im „2004 Report to Congress" unter anderem: „how U.S policy can better support Taiwan's

---

[64] Baker supports US policy of strategic ambiguity on Taiwan, *The Straits Times*, April 19, 1996. Zitiert in: Lee, Yuh-Feng: Die Taiwan-Frage im Kontext der US-Strategie für Ostasien-Pazifik nach dem Ende des Ost-West-Konfliktes (1990-2000). In: http://edoc.hu-berlin.de/dissertationen/lee-yuh-feng-2003-12-11/HTML/chapter4.html#N10BF5

[65] Hilario, Ernesto: Washington faces changing realities. In: Taiwan Journal. 9. Juli. 2004. Nr. 27, S 6.

breaking out of the international economic isolation that the PRC seeks to impose on it"[66]

4.3.2.   Warum ist Taiwan für die USA strategisch so bedeutend?

- Die Republik China ist ein wichtiger Faktor für die sino-amerikanische Beziehung. Eine falsche Behandlung der Taiwanfrage könnte nicht nur zu einer Krise in Asien, sondern auch zu einer internationalen Bedrohung führen.

- Taiwan hat hohen Einfluss auf Chinas zukünftige Innen- und Außenpolitik.

- Es ist auch eine Frage der Ehre und des Images der USA seinem Schützling Beistand zu leisten.

4.4. Taiwan sucht verzweifelt Anerkennung bei wirtschaftlichen Organisationen

Seit Formosa 1971 den Sitz in der UNO verlor, wurde Taiwan gleichzeitig von vielen Staaten nicht mehr als ein autonomes Land gesehen. Zurzeit genießt es nur bei 27 Staaten die völlige diplomatische Anerkennung. Jedoch unterhält es noch Beziehungen zu 140 anderen Staaten. Heute repräsentieren nur 90 Vertretungsbüros in 58 Ländern die Republik China im Ausland. Um sich aus seiner internationalen Isolation zu befreien, versucht die verbindungslose Insel durch Staatsbesuche, Verträge und vor allem durch Beitritte zu wichtigen Organisationen einen neuen internationalen Status zu erreichen. Eine globale Anerkennung ist eine der wichtigsten Maßnahmen, um sich aus Chinas Klauen loszulösen, denn schließlich gibt es keine sichere Beistandsgarantie von den Amerikanern. Wie der damalige taiwanesische Außenminister John Chang bei einem Interview mit der taiwanesischen Zeitschrift „Sinorama" im Jahre 1997 schon sagte:

---

[66] Hilario, Ernesto: Washington faces changing realities. In: Taiwan Journal. 9. Juli. 2004. Nr. 27, S 6.

> „For us, foreign relations is [are] very important. […] Without them, we'd survive, but it would
> be a hard existence, and we'd have no control over our future. And if we are to play an
> important part in the eventual reunification of China, foreign relations are an absolute necessity
> […] Of course, if we didn't have any foreign relations, not only would our international status
> be like that of Hong Kong, it would also immediately cause a big problem: It would result in a
> ground swell of support for Taiwan independence." [67]

Derzeit ist Taiwan Mitglied in 18 überstaatlichen Organisationen, darunter fällt auch die WTO, die Asia Pacific Economic Cooperation und die Asian Development Bank. Darüber hinaus ist es Taiwans Wunsch, in die UNO wieder aufgenommen zu werden, da es weder eine weltumfassende repräsentative Rolle besitzt noch bei wichtigen internationalen Beschlüssen Entscheidungen treffen kann. Seit 1993 begann sich Taiwan aktiv für die Aufnahme in die Vereinten Nationen zu bewerben. Nach seinem Beitritt hätte China theoretisch keine Machtansprüche an Taiwan mehr, da Taiwan als selbständiger Staat gälte.

In den „Taiwan Nachrichten" vom 15.9.2004 wird im Artikel „Die politische Apartheid in der UNO gegenüber Taiwan muss beendet werden" berichtet, dass Taiwan die Welt auf die ungerechte Behandlung der UNO aufmerksam machen wolle, da ihm noch der Beitritt in die Vereinten Nationen verweigert werde. Ebenso hätte die Republik China gemäß „Artikel 4" der Charta das Recht wie alle anderen „friedliebenden Staaten" in die UNO aufgenommen zu werden.

Darüber hinaus hielt Präsident Chen anlässlich des Nationalfeiertags Taiwans am 10. Oktober eine wichtige Rede:

> „Im kommenden Jahr feiern die Vereinten Nationen ihren 60. Gründungstag. In einer Zeit, in
> der die Erwartungen bezüglich Reform und Konsolidierung der UNO von Seiten der
> internationalen Gemeinschaft sehr hoch sind und gleichzeitig die internationale Kooperation
> immer weiter ausgedehnt werden soll, ist es betrüblich, dass die 23 Millionen Bürger Taiwans
> ausgeschlossen bleiben. Ausgeschlossen von einer internationalen Organisation deren Leitsätze
> ‚Friede, Respekt, Gleichheit und Freundschaft' lauten; die das ‚Prinzip der universalen
> Mitgliedschaft' hochhält." […] [68]

China verurteilte Taiwans Bewerbung für die UNO und sandte dem UNO-Generalsekretär Kofi Annan eine Nachricht, in der stand: „Taiwan's government is

---

[67] Wang, Anna: The Diplomatic Search for a Bright Future. A Talk with Foreign Minister John Chang. In: Sinorama. (1997) 8, S 55.
[68] Chen, Yu-shun: Präsident Chen Shui-bian zum Nationalfeiertag. In: Taiwan Nachrichten. Taipeh, 14. Oktober 2004. Nr.16/2, S1-4.

‚seriously threatening' peace and stability across the Taiwan Strait and the Asia-Pacific region."

Es scheint, dass die VR China alles daran setze Taiwan von wichtigen Organisationen fern zuhalten, denn eine starke taiwanesische Außenpolitik könnte für das Festland ein weiteres Hindernis sein, um „seine Provinz" wieder einzunehmen. Dennoch versuchen die Verbündeten von Taiwan, es für die Aufnahme der UNO zu unterstützen. Jedoch wurde dieser Versuch vom Allgemeinen Ausschuss der 59. UNO-Vollversammlung am 15.11.2004 abgelehnt, da mehr als 90 Länder meinten, „dass es nur ein China in der Welt gebe und die Regierung der Volksrepublik China der einzige legitime Vertreter Chinas sei."[69]

---

[69] Allgemeiner Ausschuss der UNO wies Pro-Taiwan-Antrag zurück. In: http://www.china-botschaft.de/det/jj/t160093.htm

5. Persönliche Meinung

Wie ich bereits erwähnt habe, befürchte ich, dass sich die südostasiatische Krise durch die Taiwanfrage bis hin zu einem globalen Konflikt entwickeln könnte. Meiner Meinung nach unterschätzt man aber diesen Streit, obwohl beide Seiten die Taiwanfrage scheinbar friedlich zu lösen versuchen. Darum ist es das Ziel meiner Arbeit, dem Leser mehr Einblick in das Thema zu vermitteln. Ich denke aber, dass es unabhängig davon ist, wie viele Verbündete „der kleine Tiger" findet oder noch finden wird, denn gegen China ist Taiwan zurzeit in wirtschaftlicher, politischer sowie militärischer Hinsicht unterlegen. Für mich stellt sich die Frage, ob China 2006 wirklich einen Erstschlag plant. Jedoch bezweifle ich dieses Vorhaben, denn im Jahre 2008 ist China der Gastgeber für die Sommer-Olympiade. Im Falle einer Auseinadersetzung könnten die Sommerspiele abgesagt werden und China somit die erwarteten wirtschaftlichen Vorteile verlieren.

Wichtig ist, dass man nicht einseitig denken darf. Ich sah zum Beispiel Taiwan zu Beginn meiner Arbeit als Teil Chinas. Dennoch erkannte ich das Dilemma der beiden Nationen und möchte abermals anmerken, dass ich sowohl Verwandte in China, aber auch auf Formosa habe. Es gibt viele Gründe für oder gegen ein autonomes Taiwan, je nachdem, von welcher Seite man es betrachtet. Meiner Ansicht nach ist das gegenseitige Vertrauen der beiden China-Staaten der Schlüssel des Problems. Leider hat die chinesische Führung zurzeit eine sehr schlechte Meinung von Chen Shui-bian: „Beijing leaders do not trust Chen, no matter what he says.[…]"[70]

Für mich stellt sich nicht mehr die Frage, wessen Insel Taiwan ist, sondern nur mehr, wie man diese Streitfrage friedlich und gerecht lösen kann.

Zu diesem Thema habe ich ein passendes Forum im Internet (http://www.the-web-matrix.de/showthread.php?t=13298&page=1&pp=20) für Interessierte gefunden.

---

[70] Seth, S.P.: Beijing frustrated in push to annex Taiwan. In: Taiwan Journal. 23. Juli. 2004. Nr. 29, S 7.

Zusammenfassung

Eine der interessantesten Debatten der letzen Zeit ist die Taiwanfrage und die damit verbundenen sino-amerikanischen Beziehungen. Als Schutzmacht der kleinen Insel, versuchen die USA Taiwans Sicherheit zu gewährleisten. Trotzdem fällt es den Amerikanern sehr schwer, eine einseitige außenpolitische Richtlinie dazu zu üben, weil eine falsche US-Strategie zu einer verheerenden Auseinandersetzung zwischen den beiden Supermächten führen kann.

Da die USA keine eindeutige Politik bekannt gibt, sucht Taiwan verzweifelt nach weiteren Verbündeten und Anerkennung in wichtigen Organisationen. Zwar hat die Insel viele bedeutende Handelspartner, aber trotzdem nur wenige diplomatische Beziehungen. Darüber hinaus wird ihm der Beitritt zu den Vereinten Nationen zugunsten Chinas noch verweigert.

Der Status „des kleinen Tigers" hängt letztlich von der VR China ab. Auf der einen Seite versucht China mit friedlichen Angeboten, Taiwan zu einem Anschluss zu locken, und auf der anderen Seite bedroht das Festland Formosa mit seiner wirtschaftlichen und militärischen Dominanz. Taiwan steckt in einem Dilemma, da einerseits China zu einem der bedeutendsten Handelspartner geworden ist, andererseits ständig das Damoklesschwert einer militärischen Offensive Chinas über Taiwan schwebt. Bisher herrscht noch der Status quo in Taiwan, was bedeutet, dass die VR China ihre Souveränität über Taiwan zwar beansprucht, aber nicht durchsetzt.

Anhang

Umfragen

Das Taiwandilemma ist ein schwerwiegendes Problem, das die ganze Bevölkerung betrifft. Jedoch ist auch relativ interessant, welche Meinungen die Taiwaner vertreten.

Ist das Konzept „Ein-Land- zwei Systeme" die Lösung für die Taiwanfrage?

(Die Umfragen wurden telefonisch durchgeführt und die Resultate sind in Prozentzahlen in diesem Diagramm zu sehen. Die Befragten sind zwischen 20-69 Jahre.)

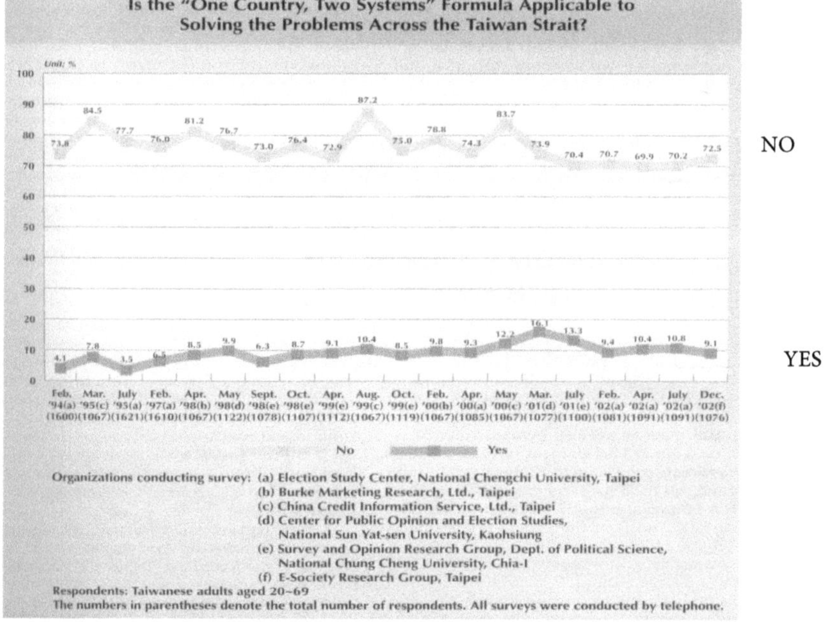

Abbildung 13: Umfrage
(Quelle: Ju, Julie; Chang, Dennis: Taiwan Yearbook 2003. S 97.)

Aus dieser Grafik ist ersichtlich, dass trotz unabhängiger Umfragen von 1994-2002 die Ergebnisse eindeutig sind. Für die Bevölkerung in Taiwan ist der Vorschlag von China „ein Land-zwei Systeme" keine Lösung für die Streitfrage, denn im Schnitt sind etwa drei Viertel der Befragten gegen dieses Modell.

Eine weitere Befragung „Anschluss oder Unabhängigkeit" wurde wieder telefonisch durchgeführt. Dies ist das Ergebnis der 1076 Taiwaner im Jahre 2002:

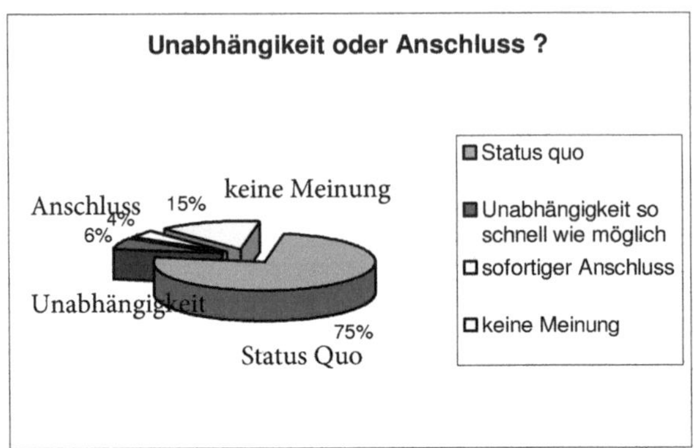

Abbildung 14: Unabhängigkeit oder Anschluss?
(Quelle: Vgl. Ju, Julie; Chang, Dennis: Taiwan Yearbook 2003. S 99.)

Das Ergebnis ist sehr interessant, denn nur 6 % treten für die Unabhängigkeit Taiwans ein. Zugleich befürworten nur 4% einen sofortigen Anschluss an China. Weiters befürworten gemäß dem Diagramm 75% der Befragten den Status quo. Es zeigt auch, dass es für die Taiwaner selbst noch sehr schwierig ist, sich für eine Unabhängigkeit oder für eine Wiedervereinigung zu entscheiden. Meiner Meinung nach ist der Status quo die sicherste Entscheidung für Taiwan.

Literaturverzeichnis

Bücher

Achcar, Gilbert ; Gresh, Alain ; Radvanyi, Jean. u.a. (Hrsg.): Le Monde diplomatique. Atlas der Globalisierung. Bauer, Barbara; Kadritzke, Niels; Knott, Marie Luise.3. Aufl. Berlin: Taz Verlags- und Vertriebs GmbH, 2003.

Bürklin ,Wilhelm : Die vier kleinen Tiger. Die Pazifische Herausforderung. 1. Aufl. München: Wirtschaftsverlag Langen Müller Herbig 1993.

D. Rawnsley, Gery; T.Rawnsley, Ming Yeh: Political Communications in Greater China. The Construction and Reflection of Identity. 1.Aufl. London 2003.

Derichs, Claudia; Heberer, Thomas: Einführung in die politischen Systeme Ostasiens. Hrsg. Heberer, Thomas. 1. Aufl. Verlag Leske + Budrich Opladen 2003.

Hogan, Zachary; Chu, Karen: Taiwan auf einen Blick. Aretz, Tilman. 1. Aufl. Taipei, Taipei 2003.

Ju, Julie; Chang, Dennis: Taiwan Yearbook 2003. Hrsg. Government Information Office Republic of China. Lamb, L.J.u.a. 1. Aufl. Taipei; Taipei: 2003.

Linhart, Sepp; Pilz, Erich (Hrsg.): Ostasien. Geschichte und Gesellschaft im 19. und 20. Jahrhundert.. 1. Aufl. Wien: Promedia 1999.

Peng, Pon-to: Die Republik China. Taiwan Handbuch. Hrsg. Government Information Office 3. Aufl. Taipei: Kwang hwa Verlag 1994.

Rammer, Christian: Ostasien in der Weltwirtschaft. Grenzen einer Wachstumsregion. 1. Aufl. 2.Wien: Clementinengasse 5. 1998. (GWU- Materialien 2/98)

Starmühlner, Ferdinand: Die kleinen Drachen. Taiwan-Südkorea.1. Auflage. Wien: Edition VA BENE 1997.

Internet

Fitzpatrick, Kristin: Wessen Insel?. In: http://parapluie.de/archiv/china/taiwan/. Linz, zugegriffen am 12.9.2004.

Wang, Joseph: Taiwan - ein Land mit vielen Namen. In: http://members.vol.at/Wang/philosophie/taiwan.htm. Linz, zugegriffen am 12.08.04

Sczepanski, Erich: Länderdossier: Taiwan. In:http://www.globaldefence.net/index.htm?http://www.globaldefence.net/deutsch/asien/taiwan/dossier.htm. Linz, zugegriffen am 22.09.2004.

"

Dettmann, Thomas; Salis, Madlen: Hintergründe zum aktulellen[aktuellen] Konflikt in China mit Taiwan. China . In: http://gauss.schwedt.com/projekte/konflikte/china.htm. Linz, zugegriffen am 21.09.2004.
Taiwan. In:
http://www.auswaertigesamt.de/www/de/laenderinfos/laender/laender_ausgabe_html?t ype_id=10&land_id=198. Linz, zugegriffen am 10.08.04

Die politische Wochenschau. In: http://www.die-kommenden.net/dk/wochen/04/jul_17_23.htm. Linz, zugegriffen am 26.09

Festland duldet keine Unabhängigkeit Taiwans. In: http://www.china-botschaft.de/det/zt/twwt/t94385.htm. Linz, zugegriffen am 17.10.2004

Tigerstaaten – Wikipedia. In: http://de.wikipedia.org/wiki/Tigerstaaten. Linz, zugegriffen am 1.11.2004

Handelskammer Hamburg. Länderbericht Taiwan.
http://www.hk24.de/HK24/HK24/produktmarken/index.jsp?url=http%3A//www.hk24.d e/HK24/HK24/produktmarken/international/investitionen_im_ausland/laenderinformati onen/index.jsp. Linz, zugegriffen am 12.12.2004

Nguyen, Sing; Lehmacher, Volker: Rheinische Friedrich-Wilhelms Universität. Bonn Seminar für Orientalische Sprachen In: http://www.china.uni-bonn.de/_schrift/referate/LstTaiwan.htm#_ftnref10. Linz, zugegriffen am 10.8.04

Bicycle industry rides on innovation. Taiwan retains role as leader through R&D capabilities. In: http://www.etaiwannews.com/business/2004/03/11/1078972853.htm. Linz, zugegriffen am 27.12.04

Taipei Wirtschafts- und Kulturbuero. Bilaterale Investitionen zwischen Europa und Taiwan.
In: In: http://www.taipei.at/deutsch/. Linz, zugegriffen am 20.10.04

Verstöße gegen die Autonomie Hongkongs. In: www.roc-taiwan.de/policy/20040811/2004081101.html. Linz, zugegriffen am 20.11.04

Fulda, Andreas: Unlösbar? Der Souveränitätskonflikt zwischen der VR China und Taiwan. In:
http://www.weltpolitik.net/Regionen/AsienPazifik/ChinaTaiwan/Grundlagen/Unl%F6s bar%3F%20Der%20Souver%E4nit%E4tskonflikt.html Linz, zugegriffen am 22.11.04

Rong-i, Wu: Die Beziehungen zwischen Taiwan und Europa nach dem WTO-Beitritt. In: http://www.gio.gov.tw/taiwan-website/abroad/de/eu/3-1.htm Linz, zugegriffen am 23.11.04

Government Information Office. In:
http://ecommerce.taipeitimes.com/yearbook2004/P189.htm Linz, zugegriffen am 23.11.04
Taiwan Calls Powell Speech 'Big Surprise': In:
http://www.newsmax.com/archives/articles/2004/10/26/200645.shtml Linz, zugegriffen am 1.2.05

Lawmakers Recommend Free Trade Agreement with Taiwan. Measure notes Taiwan is
8th largest trading partner of U.S. In: http://japan.usembassy.gov/e/p/tp-20030416a9.html
Linz, zugegriffen am 1.2.05

Höhne, Markus: Das Verhältnis zwischen der VR China und der Republik China auf
Taiwan gestern und heute. In: http://www.chinafokus.de/nmun/4_i.php#anfang Linz,
zugegriffen am 2.2.05
Hung, Alice: Thousands of Taiwan People Protest U.S. Arms Deal. In:
http://www.commondreams.org/headlines04/0925-22.htm Linz, zugefriffen am 3.2.05

Allgemeiner Ausschuss der UNO wies Pro-Taiwan-Antrag zurück. In:
http://www.china-botschaft.de/det/jj/t160093.htm Linz, zugegriffen am 3.2.05

Artikel und Dokumente

Aretz, Tilman: Dialog auf gleichberechtigter Basis. In: Taiwan heute. (2004) 6, S2-3.

Chen, Jackie: The Rise and Fall of the Taiwan Provincial Government. In: Sinorama.
(1999) 2, S6-17.

Chen, Yu-shun: Präsident Bush unterzeichnet Gesetzt zur Unterstützung
Taiwans in der WHO. In: Taiwan Nachrichten. Taipeh, 15. Juni 2004. Nr.10/2, S2.

Chen, Yu-shun: Pentagon warnt Taiwan vor möglichen Militärschlag. In: Taiwan
Nachrichten. Taipeh, 15. Juni 2004. Nr.10/2, S 3.

Chen, Yu-shun: Hongkong und Festland wichtigste Exportziele.   In: Taiwan
Nachrichten. Taipeh, 12. September 2004. Nr.18/2, S 4.

Chen, Yu-shun: Österreichisch-taiwanesische Wirtschaftsbeziehungen.   In: Taiwan
Nachrichten. Taipeh, 14. September 2004. Nr.16/2, S 5.

Chen, Yu-shun: Dienstleistungsindustrie wird wichtiger. In: Taiwan Nachrichten.
Taipeh, 15. September 2004. Nr.15/2, S 5.

Chen, Yu-shun: Die politische Apartheid in der UNO gegenüber Taiwan muss beendet
werden. In: Taiwan Nachrichten. Taipeh, 15. September 2004. Nr.15/2, S 1.

Chen, Yu-shun: Präsident Chen Shui-bian zum Nationalfeiertag. In: Taiwan
Nachrichten. Taipeh, 14. Okstoberr 2004. Nr.16/2, S1-4.

Fang-yan, Lin : Ex-President Lee chastises Beijing. In: Taiwan Journal. 9. Juli 2004 Nr.
27, S 1.
Her, Kelly: Wo gehandelt wird. In: Taiwan heute. (2004) 5, S3-9.

Hilario, Ernesto: Washington faces changing realities.In: Taiwan Journal. 9. Juli. 2004.
Nr. 27, S 6.

Hilario, Ernesto: Taiwan Journal. PRC military buildup casts dark shadow. In: Taiwan
Journal. 22. Okt. 2004. Nr. 41, S 7.

Li, Laura: Beyond Authoritarianism. 50 Years of Political Transformation. In: Sinorama. (1999) 11, S80-89.

Lietsch, Jutta: Kriegsspiele um Taiwan. In: Salzburger Nachrichten. 26.07.2004

China bereitet Sprung nach Taiwan vor. In: Salzburger Nachrichten. 23.07.2004

Liu, Albert T.C.: Taiwan should balance global economic links. In: Taiwan Journal. 2. Juli. 2004. Nr. 26, S 6.

Liu, Albert T.C.: Time to wean Taiwan from leaning on China. In: Taiwan Journal. 10. 9. 2004. Nr. 35, S 6.

Mehta, Manik: Germany's Fischer speaks his mind in Beijing. In: Taiwan Journal. 6. 8. 2004. Nr. 31, S 7.

Seth, S.P.: Beijing frustrated in push to annex Taiwan. In: Taiwan Journal. 23. Juli. 2004. Nr. 29, S 7.

Wang, Anna: The Diplomatic Search for a Bright Future. A Talk with Foreign Minister John Chang. In: Sinorama. (1997) 8, S46-55.

Wissenschaftliche Arbeiten

Lee, Yuh-Feng: Die Taiwan-Frage im Kontext der US-Strategie für Ostasien-Pazifik nach dem Ende des Ost-West-Konfliktes (1990-2000). Berlin. Phil. Diss. 2003 In: http://edoc.hu-berlin.de/dissertationen/lee-yuh-feng-2003-12-11/HTML/chapter4.html#N10BF5. Linz, zugegriffen am 27.10.2004

Skripten:

Harding, Harry: The Concept of "Greater China". Variations and Reservations. Wien [1993]. 57 Seiten

Lin, Wuu-Long; Pansy: Emergence of the Greater China. Circle Economies: cooperation versus competition. Taylor& Francis LtD 2001.14 Seiten

Schütte, Wilm-Hans: Taiwans Standort. Positionen, Hintergründe und Perspektiven im Konflikt mit der VR China Teil 2. In: China aktuell. August.1999.S827-832.

Software:

Microsoft Encarta 2005. Enzyklopädie Professional. Computer Software. Microsoft Corporation 1993-2004.

Brockhaus. Premium 2003. Computer Software. Bibliographisches Institut & F. A. Brockhaus AG, 2003

Abbildungsverzeichnis

Titelblatt/ Seite1: China to Boost Military Spending
Quelle: Ramirez, Luis: IWS. In: http://www.iwar.org.uk/news-archive/2004/03-06-
5.htm. Linz, zugegriffen am 3.1.2005

Titelblatt 2 /Seite2: Chinesische und taiwanesische Flagge
Quelle: http://www.unitedflags.com. Linz, zugegriffen am 3.1.2005

Abbildung 1 / Seite 6: Taiwans Karte
Quelle: Taiwan (Formosa) Microsoft Encarta Enzyklopädie Professional 2005.
Microsoft
Corporation 1993-2004.

Abbildung 2/ Seite 17: Wichtige Agrarprodukte der Provinz Taiwan
Quelle: China Fakten und Zahlen 2004. In: http://www.china.org.cn/german/ger-
shzi2004/xzqh/htm/f1-7.htm

Abbildung 3 / Seite 19: GDP Sector Percentages
Quelle: Ju, Julie; Chang, Dennis: Taiwan Yearbook 2003. Hrsg. Government
Information Office Republic of China. 1. Aufl. Taipei; 2003. S143.

Abbildung 4 / Seite 21 : Wachstumsrate
Quelle: Peng, Pon-to: Die Republik China. Taiwan Handbuch. 3. Aufl.Taipei;
Taipeh.1994. S 70.

Abbildung 5 / Seite 23: World Market Share of Taiwan's Major Information Products
in 2001
Quelle: Ju; Julie, Chang; Dennis: Taiwan Yearbook 2003.Taipei 2003. S 147.

Abbildung 6 / Seite 25: Taiwans Exporte
Quelle: Vgl. Ju, Julie; Chang, Dennis: Taiwan Yearbook 2003.Taipei 2003. S 139.

Abbildung 7 / Seite 27: Taiwanese businessmen obey China
Quelle: Ling, Christina: In: Taiwan Journal 2. Juli. 2004. Nr. 26, S 6.

Abbildung 8 / Seite 32: Verstöße gegen die Autonomie
Quelle: Ling, Christina: In: Taiwan Journal. 19. November. 2004. Nr. 45, S 6.

Abbildung 9 / Seite 32: China hat Hongkong in der Hand
Quelle: Ling, Christina: In: Taiwan Journal. 19. Juli. 2004. Nr. 27, S 6.

Abbildung 10 / Seite 34: Die chinesische Bedrohung
Quelle: Ling, Christina: In: Taiwan Journal. 10. September. 2004. Nr. 35, S 6.

Abbildung 11 / Seite 35: Chinesische Mittelstreckenraketen auf der Taiwanstraße
Quelle: Hilario, Ernesto: Taiwan Journal. PRC military buildup casts dark shadow. 22.
Okt. 2004. Nr. 41, S 7.)

Abbildung 12 / Seite 36: Die Dreiecksbeziehung
Quelle: Ling, Christina: Taiwan Journal. 23. Juli. 2004. Nr. 29, S 6.

Abbildung 13 / Seite 44: Umfrage
Quelle: Ju, Julie; Chang, Dennis: Taiwan Yearbook 2003. S 97.

Abbildung 14 / Seite 45: Unabhängigkeit oder Anschluss?
Quelle: Ju, Julie; Chang, Dennis: Taiwan Yearbook 2003. S 99.

Begleitprotokoll

27.6. 2004 Themenvorschlag: Greater China
29.6. 2004 Erstbesprechung zum Thema und Veränderung des Themas: Taiwan
1.9. Materialien aus Wien erhalten
8.9. Taiwan Yearbook 2003 wurde mir auf Anfrage zugeschickt
21.9. Gespräch mit Frau Mag Lengauer und genaueres Thema festgelegt
22.9. Konzept erstellt mit groben inhaltlichen Schwerpunkten gleichzeitig Materialien
von der Lehrerin erhalten.
23.9. Antrag auf die FBA gestellt, nach einem Gespräch mit dem Direktor
1. 10. Das 1. Kapitel wurde der Betreuerin zur Korrektur bereitgestellt." Und
„ Einführung für wissenschaftliches Arbeiten" durch Frau Dr. Haussner
20.10. Bücher aus der Bibliothek in Wien besorgt
28.10 Das Ausgearbeitete wurde der Betreulehrerin zur Korrektur bereitgestellt
3.11. FBA-Besprächung mit der Betreulehrerin (weitere Hilfestellung für die Arbeit)
10.11. weitere Materialien von der Lehrerin erhalten.
16. 11 Abgabe des nächsten Kapitels
17.12. Einführung in wissenschaftliches Arbeiten 2
20.12. Besprechung der weiteren Arbeitsweise und Umstrukturierung der Arbeit
11.12. Abgabe des Rohkonzepts
18.12. kurze Besprechung über Arbeit
27.1. ein Kapitel wird der Deutschprofessorin für die Korrektur vorgelegt
28.1. einige Ratschläge der Deutschprofessorin
1.2. Kurze Besprechung mit der Betreuerin
4.2. Deutsches Institut - German Institute lehnte ein Interview ab
8.2. die FBA wird der Betreuerin vorgelegt
10.2 Verbesserungsvorschläge von der Lehrerin
Arbeitsprotokoll
14.02. American Cultural Center Resource Service lehnte mit dieser Begründung das
Interview ab: *Unfortunately, due to the time restraint and the sensitivity of this issue,
we're unable to provide any interview."*
15-18.02 Orthografische Fehler wurden von der Deutschprofessorin korrigiert

Arbeitsprotokoll

21.6.2004 Erste Gedanken für eine FBA
15.7- 1.8. Stoffsammlung aus Büchern und Internet
20.7 Lesen des Buches „ Die Republik China"
23.7. 1.Interview mit Herrn Yang
18.8. 2. Interview mit Herrn Gnong

28.8. Erste Grundstruktur der FBA

1. 9. Interview mit meinen Großvater

5. 9. nähere Beschäftigung mit der Politik und Wirtschaft Taiwans

22.9. 1. Rohkonzept erstellt

25. 9. Ausarbeitung der ersten Kapiteln (Lage und Historische Entwicklung)

1.10. schriftliche Interviews erhalten

3.10. die Bearbeitung des nächsten Kapitel (Politik) + Notizen aus Bücher

6.10. Internet Recherchen (Chinesische Politik)

8.10. Bearbeitung. Parteisystem in Taiwan + Recherchen

10.10. und 15.10. Außenpolitik

17.10. Beginn mit neuem Thema Beziehung zwischen China und Taiwan

22.10. Militärpolitik+ Notizen aus Bücher

24.10.- 26.10 wichtige Bilder eingescannt und Ergänzung im Bereich Politik

2.10. weiteres Konzeptblatt erstellt

4.11. Konzept überarbeitet und ergänzt

5.11. Stoffsammlung für das Kapitel Dreiecksbeziehung aus dem Internet

9.11. Bearbeitung dieses Themas und des Begleitprotokolls
       Diagramme erstellen + Recherchen (Handelspartner Taiwans)

10.-13.11. Bearbeitung des gleichen Themas

14.11. Beendigung des Themas „Dreiecksbeziehung" und Beginn mit dem neuen
Thema: Taiwan versucht aus seiner Isolation zu befreien

17.11. Beendigung des Themas und neue Bilder eingescannt

18.11. Neues Kapitel + Recherchen Warum kann China nicht auf Taiwan verzichten.

21.11. Kapitel beendet

12.12. neues Konzept für die FBA erstellt und Nachbearbeitung des Themas:
Wirtschaft

25.12. Neugestaltung der FBA

28.12. Beendigung des Themas + Internetrecherchen

30.12. Beginn des letzten Kapitels (Zusammenfassen der Interviews)

2.1. Gliederung der FBA

4.1. Erstellen von Vorwort, Zusammenfassung, Einleitung, etc.

5.1. Gestaltung des Inhaltsverzeichnis

6.1 Überarbeitung des Literaturverzeichnisses und Verbesserung der Zitate

21.1. Verbesserung der Arbeit

29.1 Orthografische Fehler ausgebessert

1-3.2 Zitate suchen

2.2 weitere schriftliche Interviews anfragen

5.2.05 Zitate ausgebessert

11.2.05 Bessere Gliederung der Arbeit

19.2.05 -22.2.05 Überarbeitung der FBA und Verbesserung der Kapiteln und
Formatierung der Arbeit

26.2.05 Letztes Durchlesen der Arbeit

1.3.2005 Drucken und Binden der FBA in 5-facher Ausgabe

4.3.2005 Abgabe der FBA